Dr. Anna K. Flamm/ Eberhard P. Flamm

So bilde ich erfolgreich aus

Aus der Praxis
eines Ausbildungsbeauftragten

Autoren: Dr. Anna K. Flamm, Eberhard P. Flamm
Umschlag, Layout: Dr. Anna K. Flamm, Daniel Völkel
Weitere Mitwirkende: Fabien O. Daetwyler
Druck: tredition GmbH, Hamburg

ISBN:
Paperback 978-3-9804001-3-8
e-Book 978-3-9804001-4-5

Bibliografische Information der Deutschen Nationalbibliothek:
Die Deutsche Nationalbibliothek verzeichnet diese Publikation in der Deutschen Nationalbibliografie; detaillierte bibliografische Daten sind im Internet über http://dnb.d-nb.de abrufbar.

Vorwort

Was Ausbildung anbelangt, sind sich die Unternehmen bewusst, dass sie heute in die Fachkräfte von morgen investieren. Doch was bedeutet das genau in einer Arbeitswelt, die sich im strukturellen Wandel befindet?

Sicher ist, es wird quer durch alle Betriebsgrößen und Branchen zu neuen Dienstleistungs- und Produktionsprozessen kommen, denn an den großen Schlagworten Digitalisierung und Transformation führt kein Weg vorbei. Genauso sicher ist, dass Digitalisierung und Transformation nicht ohne qualifizierte Fachkräfte funktionieren, die über ein breites Wissen verfügen. So wird kaum ein Berufsbild künftig ohne IT-Zusatzqualifikation auskommen. Neue Berufe entstehen - Berufe, die mit motivierten Auszubildenden wachsen und sich weiterentwickeln. Technologisch breit aufgestellte, zukunftsorientierte Unternehmen, wie die meisten Mittelständler, haben sehr gute Chancen, den Wandel erfolgreich zu meistern und hoch qualifizierte Mitarbeiter zu gewinnen. Jugendliche sollten diesen Wandel als Chance zu einem Aufbruch in die eigene berufliche Zukunft wach verfolgen. Denn eine gute Ausbildung ist ein wichtiger Eckpfeiler des Berufsfundaments. Um dieses Fundament erfolgreich zu legen, braucht es Unternehmen, die ausbilden, Jugendliche mit Engagement und Begeisterung für neue Berufsbilder und - ganz wichtig - Ausbildungsbeauftragte, die bereit sind, den Wandel hin zur Digitalisierung mitzugestalten und für ihre Berufsbilder, neue Tools und neue Methoden zu begeistern.

Nie waren die Zeiten in Sachen Ausbildung spannender als jetzt. Ausbildungsbeauftragte, die für ihr Berufsbild brennen, können ihr Feuer an ihre Auszubildenden weitergeben und es so in die Zukunft tragen. Worauf es entscheidend ankommt, ist, den jungen Menschen zu vermitteln, dass die Ausbildung erst den Start in ein Berufsfeld bedeutet, ein elementares Rüstzeug, das es im Laufe des Arbeitslebens immer wieder neu zu erweitern und anzureichern gilt. Im Wandel zur Industrie 4.0 sind Abstraktionsvermögen, selbstständiges Handeln, Systemverständnis und Veränderungsbereitschaft wichtig, es reicht nicht aus, auf dem Stand der Ausbildung stehen zu bleiben. Der wichtigste Impuls, den Ausbildungsverantwortliche also bei ihren Auszubildenden setzen können, ist, ihnen in der Ausbildung die Begeisterung für Veränderung zu vermitteln, die Freude an ernst gemeintem Austausch, der neue Perspektiven eröffnet, und die Bereitschaft, immer wieder über den eigenen Tellerrand hinauszublicken und sich weiterzuqualifizieren.

Die richtigen Menschen für die Zukunft von morgen zu begeistern, das ist Kernaufgabe der Ausbildungsbeauftragen in diesem disruptiven Umfeld. Wie das in der Praxis gelingen kann, zeigt dieses Buch, das langjährige Ausbildungserfahrung und moderne Ansätze von beiden Autoren spannend und kurzweilig aufbereitet. Ein lesenswertes Buch zur Ausbildung! Ich verspreche Ihnen eine interessante Lektüre und wünsche dem Buch und seinen Autoren viel Erfolg! Holen Sie sich hier das Rezept für eine moderne Ausbildung im Wandel!

Heidrun Riehle
Stv. Hauptgeschäftsführerin wvib e.V.

Tim Machert wird Ausbildungsbeauftragter

Auftrag, Rechte und Pflichten als Ausbildungsbeauftragte*r

Tim Machert bereitet sich auf seinen Azubi vor

Tim Machert bildet aus

Tim Machert wird Ausbildungsbeauftragter

1. Ausbilden ist elementar - auch bei der Hartung AG

Ausbilden ist elementar. Denn gute Fachkräfte sind schwer zu finden. Wer selbst ausbildet, macht sich unabhängig vom Arbeitsmarkt und stellt sicher, dass er über Nachwuchs verfügt, der das eigene Unternehmen von Grund auf kennt, mit dessen Prozessen und Regeln vertraut ist und sie gewinnbringend weiterführen kann. Damit spart sich das Unternehmen Rekrutierungs- und Einarbeitungskosten, hat generell weniger Reibungsverluste bei der Einarbeitung zu beklagen und kann stattdessen – bei einer guten Ausbildung – auf die Identifikation seiner Auszubildenden mit ihrem Ausbildungsbetrieb bauen. Mehr noch: Das Unternehmen profitiert von den Arbeitsergebnissen und Leistungen seiner Auszubildenden, es erhält durch sie neue Ideen und Erkenntnisse, bleibt in der Auseinandersetzung mit ihnen geistig rege. Und das spricht sich rum. Erfolgreiche Ausbildungsbetriebe übernehmen gesellschaftliche Verantwortung, genießen einen guten Ruf auf dem Arbeitsmarkt und haben ein positives Image. Wer ausbildet, hat somit in vielerlei Hinsicht einen Nutzen von seinem Engagement.

Ob ein Unternehmen junge Menschen ausbildet, ist letztlich eine unternehmenspolitische Entscheidung. In welchen Berufsbildern es ausbildet, hängt in der Regel von der mittelfristigen Unternehmensplanung ab, von der Unternehmensentwicklung, der Arbeitsmarktsituation in bestimmten Berufsfeldern und von der Eignung für bestimmte Berufsbilder.

Bei der Hartung AG, einem aufstrebenden Unternehmen, das weltweit erfolgreich agiert, ist man sich dieser Tatsachen bewusst. Seit Jahren spielt die Ausbildung junger Menschen hier eine wichtige Rolle, so dass wohl alle Mitarbeitenden den schon legendären Satz des Personalleiters Lutz Herwegh mitsprechen können: „Unsere Fachkräfte von morgen werden nicht geboren, sie werden von uns ausgebildet."

Gerade weil dem so ist, sitzen Lutz Herwegh, seine jüngere Mitarbeiterin, die Ausbildungsleiterin Finja Janson, und Tim Machert, Einkäufer bei der Hartung AG, gerade im Büro von Finja Janson. Tim hat sich entschieden, in der Ausbildung als Ausbildungsbeauftragter mitzuwirken. Personalchef Lutz will ihm zu seiner Entscheidung gratulieren und dem frisch gebackenen Ausbildungsbeauftragten ‚ein paar wichtige Worte‘ mit auf den Weg geben.

„Nun Tim, ich bin sehr froh, dass du ab jetzt deine profunden Kenntnisse als Einkäufer an unsere Auszubildenden weitergibst. Du weißt ja: Unsere Einkäufer von morgen werden nicht geboren, sie werden von uns ausgebildet - von qualifizierten Fachkräften wie dir. Finja hatte mir mitgeteilt, dass in deiner Abteilung ein neuer Ausbildungsbeauftragter benötigt wird und ich war mit ihrem Vorschlag, dich zu fragen, sehr zufrieden. Jetzt bin ich glücklich, dass du die Verantwortung übernimmst und unseren jungen Auszubildenden den Einkauf und das professionelle Verhalten eines qualifizierten Einkäufers nahe bringst, damit wir auch in Zukunft gute Qualität zu besten Preisen beziehen und auf eine verlässliche Lieferkette bauen können. Übrigens, die jungen Leute wollen geführt werden. Bisher hast du ja noch keine Mitarbeitenden, die dir unterstellt sind - sobald der Azubi aber bei dir ist, bist du Vorgesetzter und damit Führungskraft. Das wird eine Herausforderung, die dich auch persönlich prägen wird. Stimmt‘s, Finja?“

„Oh ja. Es ist ein riesiger Unterschied, ob man als Fachkraft seine Aufgaben alleine für sich erledigt oder ob andere von den eigenen Entscheidungen und Anweisungen abhängig sind. Auf einmal hat alles, was man tut oder lässt, Auswirkungen. Und, was man nicht vergessen darf: Die Azubis hören nicht nur, was man sagt, sie achten auch darauf, was man tut.“

„Und dann vergleichen sie auch noch, ob das übereinstimmt.“

2. Das Ausbildungsbeauftragten-Memo-Buch

„Ausbildungsbeauftragter sein, ist eine wichtige und zukunftsweisende Aufgabe, nicht nur für die Auszubildenden, sondern auch für dich selbst. Sie wird dich weiterbringen und prägen. Du wirst auf einmal Antworten geben auf Fragen, die du dir bisher vielleicht gar nie gestellt hast. Und du wirst Dinge lernen und erklären, von denen du bisher noch keine Vorstellung hast. Das ist spannend und hält agil. Damit alles Neue, was auf dich zukommt, einen Platz finden kann, schenke ich dir dieses Ausbildungsbeauftragten-Memo-Buch. Es ist ein sehr nützliches Werkzeug und gleichzeitig ein Zeichen der Wertschätzung der Hartung AG. Noch ist es leer, aber mit jedem Thema, das du besprichst, mit jeder Frage, die du dir oder andern stellst, füllen sich die Seiten. Nutze es sorgfältig und geschickt. Jede Eintragung macht es wertvoller. Bei Finja bist du bei allen Fragen, die unweigerlich auf dich zukommen werden, in guten Händen. Und wenn du einmal einen Tipp von einem alten Ausbildungshasen brauchst, meine Tür steht dir auch offen, sollte Finja nicht erreichbar sein." Lutz steht auf und schüttelt Tim die Hand.

Finja gratuliert ihm ebenfalls: „Vielen Dank, Tim - und auf eine gute Zusammenarbeit. Wenn du morgen um halb elf zu mir ins Büro kommst, können wir gerne deine grundlegenden Fragen, die du mir gemailt hattest, besprechen." „Vielen Dank an euch beide. Finja, wir sehen uns dann morgen."

3. Tims Rückblick

Nach dem Gespräch mit Finja und Lutz geht Tim mit einem guten Gefühl nach Hause. Er ist jetzt also Ausbildungsbeauftragter. Finja und Lutz trauen ihm zu, dass er Verantwortung übernehmen und einer wichtigen Aufgabe neben seiner Tätigkeit als erfolgreicher Einkäufer bei der Hartung AG gerecht werden kann. Das ist toll. „Tim, Du weißt ja: Unsere Einkäufer von morgen werden nicht geboren, sie werden von uns ausgebildet - von qualifizierten Fachkräften wie dir..." Beim Gedanken an Lutz' Rede muss Tim schmunzeln. Es ist ein stolzes Schmunzeln, ein Schmunzeln von einem erfolgreichen Einkäufer, der hoch motiviert ist, nun auch ein erfolgreicher und guter Ausbildungsbeauftragter zu sein.

Auftrag, Rechte und Pflichten als Ausbildungsbeauftragte*r

1. Ein erstes, klärendes Gespräch

Am nächsten Vormittag sitzt Tim - wie besprochen - wieder bei Finja im Büro: „Hallo Tim, schön, dass du da bist. Wir hatten ja gestern ausgemacht, dass wir heute einen Blick auf die grundlegenden Fragen richten, auf die es beim Ausbilden ankommt."

„Ja, genau, das ist mir sehr wichtig. Ich habe sehr gerne zugesagt, als du mich gefragt hast, ob ich Ausbildungsbeauftragter in unserer Abteilung werden möchte, muss aber ehrlich zugeben, dass seit diesem Moment viele Fragezeichen in meinem Kopf herumspuken. Es wäre toll, wenn du mir helfen könntest, sie verschwinden zu lassen und stattdessen Antworten auf Fragen zu finden wie: Wofür bin ich als Ausbildungsbeauftragter überhaupt verantwortlich? Wie sieht meine Rolle aus? Was muss ich tun, was soll ich tun und was darf ich von den Auszubildenden erwarten?"

„Das mache ich gerne. Mein Vorschlag: Wir schauen gemeinsam ins Berufsbildungsgesetz, wo die meisten Ausbildungsfragen geregelt sind, so auch deine Rechte und Pflichten. Dann unterhalten wir uns über unsere jeweilige Rolle in der Ausbildung und dann werfen wir einen Blick auf das Thema Ausbildungsordnung, wo ich auch auf deine Fachkompetenz angewiesen bin, wenn es darum geht, was man im Einkauf alles vermitteln kann. Bist du einverstanden? „Das klingt für mich ganz vernünftig."

2. Ziele der Berufsausbildung

„Dann fangen wir am besten ganz vorne mit Zielen und Begriffen der Berufsbildung an, wie sie der Gesetzgeber im Berufsbildungsgesetz definiert. Klingt im ersten Moment vielleicht trocken, ist es aber eigentlich gar nicht. Und es ist essentiell, denn nur, wenn man versteht, was man tun soll, kann man es auch richtig machen. Die Ziele, die mit der Berufsausbildung erreicht werden sollen, fasst der Gesetzgeber in § 1 Absatz 3 des Berufsbildungsgesetzes (BBiG) folgendermaßen zusammen:

Die Berufsausbildung hat die für die Ausübung einer qualifizierten beruflichen Tätigkeit in einer sich wandelnden Arbeitswelt notwendigen beruflichen Fertigkeiten, Kenntnisse und Fähigkeiten (berufliche Handlungsfähigkeit) in einem geordneten Ausbildungsgang zu vermitteln. Sie hat ferner den Erwerb der erforderlichen Berufserfahrungen zu ermöglichen. (§ 1 Abs. 3 BBiG)

„Kannst du etwas mit diesem Juristendeutsch anfangen, Tim?“ „Wenn ich es richtig verstanden habe, will der Gesetzgeber erstens, dass die Auszubildenden handlungsfähig werden und zweitens, dass sie genügend Berufserfahrung sammeln.“ „Richtig – dabei soll die ganze Ausbildung eine sinnvolle Struktur aufweisen, das meint der Text mit dem geordneten Ausbildungsgang. Deshalb gibt es auch eine Ausbildungsordnung. Dazu kommen wir später noch. Wie sammelt man deiner Meinung nach im Einkauf Berufserfahrung?“

„Ganz einfach, indem man mitarbeitet.“ „Bestens. Darf dein Auszubildender also mitarbeiten, wenn du ihm gezeigt hast, wie es geht?“ „Er darf nicht nur, er muss sogar, wenn ich das Berufsbildungsgesetz befolge, denn ohne Mitarbeit keine Berufserfahrung.“ „Genau. Ich sehe, du hast den Text durchdrungen.“

3. Ausbildende, Ausbilder und Ausbildungsbeauftragte

„Jetzt schauen wir uns ähnlich klingende Begriffe an, die gerne einmal für Verwirrungen sorgen, wenn sie verwendet werden. Es geht um die Begriffe Ausbildende, Ausbilder und Ausbildungsbeauftragte. Menschen und Institutionen, die mit einem Auszubildenden einen Ausbildungsvertrag abschließen, bezeichnet das Berufsbildungsgesetz als Ausbildende. In § 10 Absatz 1 BBiG heißt es:

Wer andere Personen zur Berufsausbildung einstellt (Ausbildende), hat mit dem Auszubildenden einen Berufsausbildungsvertrag zu schließen. (§ 10 Abs. 1 BBiG) Aus diesem Vertrag ergeben sich für Ausbildende verschiedene Verpflichtungen. Was die Ausbildenden genau zu tun haben, steht im § 14 BBiG. Darauf werfen wir jetzt einen Blick, denn es ist die Grundlage für unsere Rechte und Pflichten als Mitwirkende bei der Ausbildung. Eine wichtige Sache möchte ich vorher noch ansprechen: Den Ausbildungsvertrag schließt bei uns die Hartung AG mit der oder dem Auszubildenden ab. Ausbildende ist also die Hartung AG.“

„Kann eine AG denn ausbilden? Schließlich ist sie ja kein Mensch?!"

3.1 Handlungsfähigkeit vermitteln

„Ganz genau, eine AG ist eine juristische Person, die nicht ausbilden kann. Das können nur natürliche Personen. Sehen wir uns also an, wozu die AG durch den Berufsausbildungsvertrag verpflichtet wird und überlegen uns dann, wer was erfüllen muss. So dürfte einiges klarer werden.

(1) Ausbildende haben

1. dafür zu sorgen, dass den Auszubildenden die berufliche Handlungsfähigkeit vermittelt wird, die zum Erreichen des Ausbildungsziels erforderlich ist, und die Berufsausbildung in einer durch ihren Zweck gebotenen Form planmäßig, zeitlich und sachlich gegliedert so durchzuführen, dass das Ausbildungsziel in der vorgesehenen Ausbildungszeit erreicht werden kann,

2. selbst auszubilden oder einen Ausbilder oder eine Ausbilderin ausdrücklich damit zu beauftragen,

„Ok, weil die AG nicht selbst ausbilden kann, muss sie eine*n Ausbilder*in ausdrücklich damit beauftragen. Das bist in unserem Fall dann du als Ausbildungsleiterin, richtig?"

„Das siehst du vollkommen richtig, Tim. Deshalb muss ich bei der Hartung AG dafür sorgen, dass die Auszubildenden die Handlungsfähigkeit erlangen können und dass die Ausbildung so geplant wird, dass sie all das lernen können, was die Ausbildungsordnung vorschreibt."

„Das hab ich verstanden, was mir aber noch nicht ganz klar ist, ist, woher ich das Recht habe, auszubilden." „Das ist eine sehr zentrale Frage: Woher bekommt man als Ausbildungsbeauftragter das Recht, Auszubildende auszubilden und damit zu führen, ihnen Weisungen zu erteilen, Rückmeldung zu geben, sie bei schlechtem Verhalten zu ermahnen und sie so zu Fachkräften heranzuziehen? Auch das regelt das Berufsbildungsgesetz. Dort steht unter anderem im § 28 BBiG:

(1) Auszubildende darf nur einstellen, wer persönlich geeignet ist. Auszubildende darf nur ausbilden, wer persönlich und fachlich geeignet ist.

(2) Wer fachlich nicht geeignet ist oder wer nicht selbst ausbildet, darf Auszubildende nur dann einstellen, wenn er persönlich und fachlich geeignete Ausbilder oder Ausbilderinnen bestellt,

die die Ausbildungsinhalte in der Ausbildungsstätte unmittelbar, verantwortlich und in wesentlichem Umfang vermitteln.

(3) Unter der Verantwortung des Ausbilders oder der Ausbilderin kann bei der Berufsausbildung mitwirken, wer selbst nicht Ausbilder oder Ausbilderin ist, aber [...] die für die Vermittlung von Ausbildungsinhalten erforderlichen beruflichen Fertigkeiten, Kenntnisse und Fähigkeiten besitzt und persönlich geeignet ist.

Was bedeutet das jetzt konkret für uns? Es verdeutlicht noch einmal, dass die Hartung AG nicht selbst als Ausbilderin tätig sein muss, sondern auch eine persönlich und fachlich geeignete Person bestellen kann, welche die Verantwortung für die Ausbildung übernimmt. Fachlich geeignet ist dabei, wer die erforderlichen beruflichen Kenntnisse und die erforderlichen berufs- und arbeitspädagogischen Fertigkeiten und Fähigkeiten besitzt, die für die Vermittlung der Ausbildungsinhalte erforderlich sind. Diese Person bin ich, wie du schon richtig gesagt hattest. Ich kann nun in meiner Funktion als Ausbilderin unter meiner Verantwortung Leute bei der Berufsausbildung mitarbeiten lassen, die selbst keine Ausbilder*innen sind, die aber genau wie ich persönlich geeignet sind und über die Fertigkeiten, Kenntnisse und Fähigkeiten verfügen, die für die Vermittlung der Ausbildungsinhaltenötig sind: die Ausbildungsbeauftragten.

3.2 Weisungsbefugnis und Fürsorgepflicht

Betrachten wir hierzu noch weitere wichtige Vorschriften des §14 BBiG:

(1) Ausbildende haben

4. Auszubildende zum Besuch der Berufsschule sowie zum Führen von schriftlichen Ausbildungsnachweisen anzuhalten, soweit solche im Rahmen der Berufsausbildung verlangt werden, und diese durchzusehen,

5. dafür zu sorgen, dass Auszubildende charakterlich gefördert sowie sittlich und körperlich nicht gefährdet werden.

Erinnerst du dich noch an das, was Lutz gestern gesagt hat? Als Ausbildungsbeauftragter bist du eine Führungskraft für die Auszubildenden. Du vertrittst, wenn Auszubildende bei dir im Einsatz sind, die Ausbilderin, die wiederum dafür verantwortlich ist, dass die Verpflichtungen, welche die Hartung AG eingegangen ist, auch eingelöst werden."

„Das heißt, weil ich zur Mitwirkung an der Ausbildung beauftragt bin, muss ich darauf achten, dass Auszubildende auch zur Berufsschule gehen und ihr Berichtsheft führen, solange sie bei mir in der Abteilung sind." „Ganz genau. Du bist sozusagen mein verlängerter Arm im Einkauf. Du bringst den Auszubildenden das erforderliche Einkaufswissen bei und achtest als ihr ‚Chef vor Ort' darauf, dass sie zum Profi erzogen werden und weder körperlich noch seelisch oder sittlich gefährdet werden."

„Damit habe ich ja so etwas wie einen Erziehungsauftrag. Ich muss den Auszubildenden nicht nur die fachlichen Einkaufstätigkeiten beibringen, sondern ihnen auch noch zeigen und vorleben, wie ein Einkaufsprofi sich verhält." „Sehr richtig. Wie sagt unser lieber Lutz immer so schön: ‚Unsere Fachkräfte von morgen werden nicht geboren, sie werden von uns ausgebildet.' Und zwar so ausgebildet, dass sie sich wie wirkliche Profis verhalten und unser Unternehmen vorbildlich repräsentieren. Also: Mach die Azubis zu würdigen Vertretern unseres Hauses. Zeig ihnen, dass wir stolz auf sie sein wollen!" „Klingt nach einer großen Aufgabe. Haben denn die Auszubildenden laut Gesetzgeber auch Verpflichtungen?"

3.3 Sorgfaltspflicht und Befolgen von Weisungen

„Klar. §13 BBiG beschreibt das Verhalten während der Berufsausbildung. Für Ausbildungsbeauftragte wie dich ist es wichtig, folgende Vorschriften zu kennen:

Auszubildende haben sich zu bemühen, die berufliche Handlungsfähigkeit zu erwerben... Sie sind insbesondere verpflichtet,

1. die ihnen im Rahmen ihrer Berufsausbildung aufgetragenen Aufgaben sorgfältig auszuführen,
3. den Weisungen zu folgen, die ihnen von Ausbildern oder Ausbilderinnen oder von anderen weisungsberechtigten Personen erteilt werden,
4. die für die Ausbildungsstätte geltende Ordnung zu beachten,
5. Werkzeug, Maschinen und sonstige Einrichtungen pfleglich zu behandeln,
6. über Betriebs- und Geschäftsgeheimnisse Stillschweigen zu wahren.

Als Ausbildungsbeauftragter bist du eine weisungsberechtigte Person. Du hast den Auszubildenden etwas zu sagen, du gibst ihnen die Aufträge und sie müssen den Weisungen folgen, die sie von dir erhalten. Natürlich geht der Gesetzgeber davon aus, dass du vernünftige Weisungen erteilst und darauf achtest, dass die Auszubildenden keinen Schaden nehmen. Das stellt er im § 14 Absatz 3 BBiG noch einmal klar:

(3) Auszubildenden dürfen nur Aufgaben übertragen werden, die dem Ausbildungszweck dienen und ihren körperlichen Kräften angemessen sind.

Aber ich denke, das ist für dich selbstverständlich." „Ja, schon. Ich hoffe nur, es ist auch für die Azubis klar, dass sie sich an die Vorschriften des Berufsbildungsgesetzes zu halten haben." „Für manche ist es klar, für andere vielleicht nicht. Ich habe die Erfahrung gemacht, dass es sehr hilfreich ist, wenn man solche Dinge zu Beginn der Zusammenarbeit bespricht. Nur dann kann man gegenseitige Erwartungen und auftretende Fragen klären.„ Das ist ein guter Tipp, danke. Das werde ich im Hinterkopf behalten."

3.4 Rolle, Rechte und Pflichten des Ausbildungsbeauftragten

„Aber lass mich das ganze bis hierher Besprochene noch einmal mit meinen Worten zusammenfassen und korrigiere mich, falls etwas nicht ganz richtig ist. Es ist mir nämlich sehr wichtig, dass ich alles korrekt verstanden habe. Also:

Die Hartung AG als Ausbildende darf Auszubildende einstellen, sie darf diese aber nur ausbilden, weil es dich als Ausbildungsleiterin mit deinen Qualifikationen gibt und die Ausbildung in den verschiedenen Bereichen funktioniert nur deshalb, weil es Ausbildungsbeauftragte gibt, die in der Lage sind, das spezifische Fachwissen bzw. die nötigen Fähig- und Fertigkeiten an die Auszubildenden weiterzugeben, über die du selbst nicht verfügst, die es aber braucht, um die Auszubildenden beruflich handlungsfähig zu machen."

„Ganz genau, so verhält es sich." „Gut, dann hab ich das soweit verstanden. Meine Aufgabe als Ausbildungsbeauftragter sieht also so aus, dass ich Auszubildenden in meiner Abteilung all das beibringe, was sie in der Arbeitswelt benötigen, um handlungsfähig zu sein. Ich gebe ihnen die Lern- und Arbeitsaufgaben, kontrolliere, was sie tun, bewerte es und gebe Rückmeldungen. Ich lehre sie Regeln des Zusammenlebens- und Arbeitens, unterstütze und fördere sie dabei, Leistung zu erbringen und

Erfahrung zu sammeln." „Ganz genau, bis hierher stimmt alles, was du gesagt hast."

„Danke, dann mache ich weiter: Als Ausbildungsbeauftragter trage ich Führungsverantwortung und übernehme damit die Vorgesetztenfunktion. Meine Aufgabe fängt also beim Vermitteln von Fachkenntnissen, Fertigkeiten und Fähigkeiten an und reicht über das Beibringen der professionellen Umgangsformen in der Arbeitswelt, das Ermöglichen von Berufserfahrung, die Verantwortung für die Sicherheit, also die körperliche und seelische Unversehrtheit, bis hin zur Charakterbildung im weitesten Sinne."

„Ja, damit hast du vollkommen Recht." „Das ist eine ganze Menge." „Das stimmt. Du nimmst als Ausbildungsbeauftragter viele verschiedene Funktionen ein: die des Ausbilders, des Erziehers, des Vorgesetzten, aber auch des Kollegen und der Fachkraft. Das muss einem erst einmal bewusst sein, um einen guten Umgang damit entwickeln zu können. Du kannst dir aber sicher sein, dass du in mir eine Ansprechpartnerin hast, bei der du dich jederzeit melden kannst, wenn du Fragen hast oder einmal nicht weißt, was du tun sollst, schließlich übernimmst du wichtige Aufgaben in der Ausbildung, für die ich die Verantwortung trage, und das weiß ich sehr zu schätzen."

„Danke für das Angebot. Ich bin mir jetzt schon sicher, dass ich dich ab und zu anrufen oder besuchen werde, um mir Hilfe zu holen." „Das ist schön und freut mich. Nur keine Hemmungen. Eine gute Ausbildung lebt davon, dass Ausbilder*in und Ausbildungsbeauftragte gut zusammenarbeiten. Schließlich bin ich ja die verantwortliche Fachfrau für die Bildungszusammenhänge. Da hab ich natürlich ein Interesse daran, dass ich verstehe und mitbekomme, was in den einzelnen Abteilungen abläuft, aber auch daran, dass meine Ausbildungsbeauftragten verstehen, weshalb was wo im Zuge der Ausbildung bei der Hartung AG passiert, und von meinem fachlich-didaktischen Wissen profitieren können. Denn so wachsen die Ausbildungsbeauftragten in ihrer Rolle und die Ausbildung läuft für unsere Auszubildenden möglichst rund."

4. Von der Ausbildungsordnung in die konkrete Ausbildung

„Um mich über das Was und Weshalb, von dem ich eben gesprochen habe, zusammen mit dir dem Wann und Wo in der Ausbildung zu nähern und damit den Rahmen der Ausbildung klar zu fassen, würde ich jetzt gerne noch einmal kurz zurück zum Berufsbildungsgesetz kommen:

Dort steht in § 1 Absatz 3 BBiG ja, dass die berufliche Handlungsfähigkeit in einem geordneten Ausbildungsgang zu vermitteln ist. Im § 5 BBiG präzisiert der Gesetzgeber das, indem er Anforderungen an die Ausbildungsordnung der Berufe festlegt. Eine Ausbildungsordnung hat diesen Anforderungen zufolge unter anderem festzulegen, welche beruflichen Fertigkeiten, Kenntnisse und Fähigkeiten zumindest Gegenstand der Berufsausbildung sein müssen. Außerdem muss eine Ausbildungsordnung eine Anleitung zur sachlichen und zeitlichen Gliederung der Vermittlung dieser Kenntnisse, Fertigkeiten und Fähigkeiten enthalten, den so genannten Ausbildungsrahmenplan. Als Ausbildungsleiterin und verantwortliche Ausbilderin im Sinne des Berufsbildungsgesetzes sorge ich nun dafür, dass die Auszubildenden alle wesentlichen Inhalte, die in der sachlichen Gliederung des Ausbildungsrahmenplanes aufgeführt sind, auch während ihrer Ausbildung vermittelt bekommen."

„Du hast den Überblick über das Was und Weshalb." „Genau und davon ausgehend, muss ich nun schauen, wo die Auszubildenden diese Inhalte wann am besten erlernen können und dann dafür sorgen, dass diese Inhalte auch vor Ort vermittelt werden. Genau hierfür brauche ich jetzt, was den Einkauf betrifft, deine Hilfe. Ich habe dir ein Exemplar der Ausbildungsordnung mitgebracht. Bitte schau sie dir durch und überlege dir, welche der aufgeführten Inhalte du im Einkauf grundsätzlich vermitteln kannst. Das weißt du nämlich viel besser als ich. Dann sei so nett und schicke mir eine Übersicht. Die werde ich mir dann anschauen und dir eine Rückmeldung dazu geben, was du als Mindestmaß vermitteln solltest. So weißt du genau, was zu tun ist und gewinnst an Sicherheit, denn du hast einen Überblick und kannst nun die Prioritäten richtig setzen."

„Das ist auf jeden Fall hilfreich in der Praxis. Wie ist es denn, wenn ich alle Muss-Inhalte vermittelt habe und die Ausbildungszeit in meiner Abteilung noch andauert? Darf ich dann weitere Kenntnisse und Fertigkeiten vermitteln?" „Ja natürlich, gerne und jederzeit! Manchmal hat man ja Auszubildende, die Sachverhalte sehr schnell verstehen und sehr engagiert sind. Die Checkliste, die du von mir erhältst, umfasst nur die Mindestanforderungen. Mehr ist immer gut, wenn es machbar ist. Und danke, das war eine sehr wichtige Frage."

„Ich werde dir bestimmt noch häufiger Fragen stellen. Es ist doch ganz schön viel Neues, was da auf mich zukommt." „Das stimmt und deshalb ist es auf jeden Fall sinnvoll, wenn wir in engem Kontakt stehen. Ich würde dir daher vorschlagen, dass wir uns regelmäßig zu einem kurzen Austausch treffen. Vielleicht jeden ersten Montag im Monat, um 10.30 Uhr?"

„Ja, das sollte passen. Das können wir so machen." „Gut, dann bin ich auf deine Anmerkungen zur Ausbildungsordnung gespannt und freu mich auf unser nächstes Gespräch."

von: Tim Machert
an: Finja Janson
Thema: Ausbildungsinhalte im Einkauf

Liebe Finja,

nachdem ich die sachliche Gliederung der Ausbildungsordnung durchgearbeitet habe, teile ich dir gerne mit, welche Lerninhalte der Verordnung wir den Auszubildenden im Bereich Einkauf vermitteln können. Die folgende Tabelle führt dir die Inhalte auf. Übrigens, wie gefällt dir meine Idee mit der Spalte für die Unterschrift des Auszubildenden, wenn die Inhalte vermittelt sind?

Zusätzlich zu den Kenntnissen und Fertigkeiten bei der Beschaffung und Bevorratung sehe ich weitere Inhalte, die bei mir im Einkauf erlernt werden können. Was meinst du dazu?

Liebe Grüße
Tim

Lfd. Nr.	Zu vermittelnde Fertigkeiten und Kenntnisse	Vermittelt am	Unterschrift
	Beschaffung und Bevorratung		
6.1	Bedarfsermittlung und Disposition		
	a) Bedarf an Produkten und Dienstleistungen ermitteln		
	b) Dispositionsverfahren anwenden		
	c) Bestellmengen und Bestelltermine ermitteln		
6.2	Bestelldurchführung		
	a) Bezugsquellen ermitteln, vergleichen und auswerten		
	b) Angebote einholen, prüfen und vergleichen		
	c) Bestellungen bei Lieferanten vorbereiten, durchführen und nacharbeiten		
	d) Vertragserfüllung überwachen und Maßnahmen zur Vertragserfüllung einleiten		
6.3	Vorratshaltung und Beständeverwaltung		
	a) System der Vorratshaltung des Ausbildungsbetriebes auftragsbezogen berücksichtigen		
	b) Bestände erfassen, kontrollieren und bewerten		

Lfd. Nr.	Zu vermittelnde Fertigkeiten und Kenntnisse	Vermittelt am	Unterschrift
2	Geschäftsprozesse und Märkte		
2.1	Märkte, Kunden, Produkte und Dienstleistungen		
	b) Marktaktivitäten des Ausbildungsbetriebes mit Wettbewerbern vergleichen		

	c) Veränderungen von Angebot und Nachfrage feststellen und deren Auswirkungen bewerten		
	f) mit Geschäftspartnern kommunizieren und dabei kulturelle sowie branchenspezifische Geschäftsgepflogenheiten berücksichtigen		
3	Information, Kommunikation, Arbeitsorganisation		
3.1	Informationsbeschaffung und –verarbeitung		
	a) externe und interne Informationsquellen auswählen und nutzen		
	b) Daten und Informationen erfassen, ordnen, verwalten und auswerten		
	c) Vorschriften zu Datenschutz und Urheberrecht einhalten		
3.2	Informations- und Kommunikationssysteme		
	d) Betriebssystem, Standardsoftware und betriebsspezifische Software anwenden		
	e) Daten und Informationen eingeben, mit betriebsüblichen Verfahren sichern und pflegen		
3.3	Planung und Organisation		
	d) Termine planen, abstimmen und überwachen		
3.5	Anwendung einer Fremdsprache bei Fachaufgaben		
	a) fremdsprachige Fachbegriffe verwenden		
	b) im Ausbildungsbetrieb übliche fremdsprachige Information auswerten		
	c) Auskünfte erteilen und einholen, auch in einer fremden Sprache		

von: Finja Janson
an: Tim Machert
Thema: Re: Ausbildungsinhalte im Einkauf

Lieber Tim,

vielen Dank für deine Aufstellung. Sie ist ausgezeichnet und ich finde es eine sehr gute Überlegung von dir, dass du die Spalten für Vermittelt am und Unterschrift des Azubis eingefügt hast. So behältst du den Überblick, was bereits vermittelt ist und was noch vermittelt werden muss.

Es ist richtig und konsequent, die Themen Geschäftsprozesse und Märkte, Informationsbeschaffung und –verarbeitung sowie Planung und Organisation mit in die Tabelle aufzunehmen, ich gehe davon aus, dass ihr bei nahezu jeder Tätigkeit mit diesen Inhalten zu tun habt. Mein Vorschlag: Führe die beiden Tabellen zu einer zusammen und nutze sie.

Was hältst du davon, wenn du den Auszubildenden zu Beginn der Ausbildung in deinem Bereich diese Tabelle aushändigst und ihnen aufzeigst, was sie bei dir alles lernen werden? Dann können sie die Themen ebenfalls im Auge behalten und sehen, was sie schon erreicht haben und was sie noch lernen werden. Ich freue mich sehr, dass ich dich als Ausbildungsbeauftragten gewonnen habe. Deine Aufstellung zeigt mir, dass du diese Aufgabe mit Herz und Verstand angehst. Vielen Dank dafür.

Liebe Grüße
Finja

Vom Ausbildenden zum Ausbildungsbeauftragten

Ausbildende
(Hartung AG)

- schließt Vertrag mit Azubi (Paragraf 10 BBiG)
- hat Pflichten (Paragraf 14 BBiG)
- beauftragt ausdrücklich

Ausbilder*in
(Finja Janson)

- übernimmt Pflichten und Verantwortung (Paragraf 14(1)2 BBiG)
- sucht aus und
- führt in Ausbildungsfragen

Ausbildungsbeauftragte
(Tim Machert und viele andere)

- bilden im Fachbereich aus als verlängerter Arm von Finja
- übernehmen vor Ort die Pflichten unter Finjas Verantwortung
- müssen fachlich und persönlich geeignet sein (Paragraf 28 (3) BBiG)

Meine Rolle als Ausbildungsbeauftragter

Als Ausbildungsbeauftragter habe ich drei zentrale Aufgaben:

- Ich vermittele die Fachkenntnisse und Fertigkeiten, die Auszubildende in meinem Arbeitsbereich erwerben können und sollen.
- Ich führe die Auszubildenden in ihre Arbeitswelt ein und lehre sie, wie man in diesem Arbeitsbereich mit Kolleg*innen, Kund*innen, Vorgesetzten, Lieferant*innen und all den Menschen umgeht, mit denen man es bei der täglichen Arbeit zu tun hat. Ich vermittele damit die im Beruf notwendige Sozialkompetenz.
- Ich habe die Fürsorgepflicht und achte deshalb darauf, dass die Auszubildenden, während sie unter meiner Obhut sind, keinen Schaden an Leib und Leben erleiden, indem ich die Arbeitssicherheitsbestimmungen einhalte und meine Auszubildenden ordentlich betreue bzw. beaufsichtige.

Ich bin Ausbilder, Erzieher, Vorgesetzter, Kollege, Fachkraft.

Anforderungen an mich als Ausbildungsbeauftragten:

Fachkompetenz:

- abgeschlossene Berufsausbildung
- Berufserfahrung
- für die Vermittlung von Ausbildungsinhalten erforderliche berufliche Fachkenntnisse, Fertigkeiten und Fähigkeiten
- Verständnis für Abläufe und Zusammenhänge in der eigenen Abteilung und im Kontakt mit anderen Abteilungen
- Vertrautheit mit Fragen der Sicherheit, des Arbeits- und Umweltschutzes

Führungskompetenz:

- Kommunikationsfähigkeit
- Vorbildfunktion
- Reflexions- und Kritikfähigkeit
- Konfliktlösungsfähigkeit
- Motivation

Pädagogische Kompetenz:

- Vermittlungsfähigkeit
- Methodenkompetenz
- Freude am Umgang mit Azubis

Tim Machert bereitet sich auf seinen Azubi vor

1. Prinzipien für eine erfolgreiche Ausbildungsplanung

Auf Finjas Rückmeldung hin druckt Tim sich die von ihm erstellte Tabelle aus, zum einen als zentrale Gedankenstütze für sein Ausbildungsbeauftragten-Memo-Buch, zum anderen, um sie für seinen Azubi an der Hand zu haben. Jetzt wird sie tatsächlich greifbar, die Ausbildung in meiner Abteilung, denkt er sich, die Einträge im Buch lassen keinen Zweifel daran. Sein Blick gleitet über die aufgeführten Kenntnisse und Fertigkeiten, die es im Einkauf zu vermitteln gilt. So sieht es also konkret aus, das Was der Ausbildung, von dem Finja neulich gesprochen hat, viele unterschiedliche interessante Tätigkeiten, manche leicht verständlich, manche komplex, einige sehr präsent, andere eher weniger. Wie aber lassen sich diese Tätigkeiten und die daraus resultierenden Fertigkeiten nun sinnvoll auf die Ausbildungszeit verteilen? Wie bekommen sie eine durchdachte Struktur, von der Azubis und im Optimalfall auch die Abteilung profitieren können? Tim grübelt eine Weile, dann greift er zum Telefonhörer.

„Hallo Finja, ich bin's Tim. Hast du kurz ein paar Minuten Zeit für mich? Ich hab eine Frage an dich." „Hallo Tim, ja klar hab ich ein paar Minuten für dich. Was für eine Frage hast du denn?" „Ich sitze gerade über der Tabelle, die ich dir neulich geschickt habe, und überlege, wie ich die Ausbildung so planen kann, dass die jeweiligen Lerninhalte für Azubis gut verständlich und für eine ertragreiche Ausbildungszeit schlüssig aufgebaut sind. Kannst du als Fachfrau für Didaktik mir da etwas an die Hand geben?"

„Mh, lass mich kurz überlegen – ich denke, dass du bei deiner Planung die besten Ergebnisse erzielst, wenn du diese Prinzipien berücksichtigst: Beweg dich bei den Lerninhalten immer vom Einfachen zum Schwierigen und vom Konkreten zum Abstrakten. So gibst du deinen Azubis die Möglichkeit, Sachverhalte von Grund auf zu begreifen bzw. sie schrittweise mitzuvollziehen. Wenn wir davon ausgehen, dass jedes Verstehen ein Erfolgserlebnis beim Verstehenden hervorbringt, das sich dann wieder positiv auf ihn und seine Motivation auswirkt, während eine Überforderung demotiviert, hast du mit diesem Vorgehen alle Weichen für eine bereichernd-motivierende Ausbildungszeit für deine Azubis gestellt, denn sie können von Anfang an am Ball bleiben und mit den Aufgaben wachsen."

„Das scheinen mir ziemlich wichtige Prinzipien zu sein, die viel bewirken können. Ich werde auf jeden Fall versuchen, meine Planung daran auszurichten." „Schön. Ich würde dir außerdem raten, die Inhalte dem Prozessablauf folgend zu vermitteln und Zusammengehörendes beisammen zu lassen. Unsere internen betrieblichen Abläufe folgen einer Logik und es ist gut, wenn die Azubis diese begreifen lernen. Sie auseinanderzunehmen und damit womöglich sogar gegen sie zu arbeiten, schafft einen künstlichen Raum, ist mühsam und mit Reibungsverlusten verbunden." „Du meinst, die Azubis lernen am meisten und besten, wenn es ‚natürlich' zugeht, wenn sie Tätigkeiten nicht im luftleeren Raum erlernen, sondern sie gleich in ihrem Gesamtzusammenhang begreifen?!" „Ganz genau. Sobald Tätigkeiten in ihrem Bezug begriffen werden, ergeben sie mehr Sinn. Das macht es leichter, sie ordentlich auszuführen." „Darüber hatte ich noch nie nachgedacht, aber ja, es stimmt. Gibt es deiner Meinung nach noch mehr hilfreiche Prinzipien, die ich berücksichtigen sollte?"

„Drei Stück fallen mir noch ein: Lass deine Azubis durch Tun lernen. Nichts ist so einprägsam wie eine gemachte Erfahrung. Dabei solltest du darauf achten, dass der Lernprozess den Vorkenntnissen angemessen ist – ich hatte dir ja schon erklärt, was passiert, wenn das nicht der Fall ist – die Azubis können sich schnell verunsichert, überfordert oder unterfordert und so demotiviert fühlen. Schaffst du es, sie ihren Vorkenntnissen angemessen lernen zu lassen, etwa, indem du auch berücksichtigst, ob deine Abteilung ihre erste Anlaufstelle ist oder ob sie schon andere Abteilungen und Arbeitsweisen kennengelernt und Fertigkeiten erlernt haben, können sie immer mehr lernen. Die Lernkurve steigt. Du kannst also ihre Eigenständigkeit und Verantwortung in deinem Verantwortungsbereich zunehmend fördern. Und das sollte das Ziel deiner Arbeit sein: Verständige Auszubildende selbstständig das Erlernte in der Praxis anwenden lassen, so dass sie sich produktiv in die Abteilung einbringen und dich im besten Fall bei verschiedenen Tätigkeiten entlasten können."

„Wow, das sind ganz schön viele, richtig gute Tipps. Da wäre ich allein nicht so schnell drauf gekommen, auch wenn mir das alles beim Hören sehr logisch und sinnvoll vorkommt. Vielen Dank für deine Hilfe, Finja. Die hat mich jetzt wirklich weitergebracht.“ „Sehr gerne, Tim. Ich bin gespannt, wie du sie konkret umsetzt. Ach, wo ich dich gerade am Apparat habe: Ich bin die nächsten Tage auf einer Fortbildung. Falls dir noch mehr Fragen bei der Vorbereitung kommen sollten, kannst du dich gern an Lutz wenden. Der weiß Bescheid und freut sich, wenn er dir weiterhelfen kann.“ „Das ist gut, zu wissen, danke. Dann wünsch ich dir eine erfolgreiche Weiterbildung. Mach’s gut, bis bald.“ „Dank dir, bis bald.“

Prinzipien für eine sinnvolle und gewinnbringende Planung der Ausbildungsinhalte:

- Vom Einfachen zum Schwierigen
- Vom Konkreten (Be-greif-baren) zum Abstrakten
- Dem Prozessablauf folgend
- Zusammengehörendes zusammen
- Lernen durch Tun
- Den Vorkenntnissen angemessen
- Eigenständigkeit und Verantwortung zunehmend fördern

2. Die Welt der Azubis

Tim sitzt an seinem Schreibtisch und denkt nach. Er hat erste Infos zu seinem Azubi bekommen: Jonas Djako heißt er und ist 17 Jahre alt. Wie er wohl sein wird? Und was er kann? Mh. Tim trommelt gedankenversunken mit seinen Fingern auf dem Tisch. Ob wir uns verstehen? Ach bestimmt, ich bin ja ein umgänglicher Mensch … und er sicherlich auch … Bei mir lief die Ausbildung damals ja dann auch irgendwie gut an, auch wenn ich am ersten Tag ganz schön Lampenfieber hatte und nicht wusste, was auf mich zukommt …. Das war aber auch eine krasse Zeit …und wie ich zu Beginn rumgeirrt bin … Tim lacht … lost und zugleich einfach zu cool für diese Welt …

Es hat sich ja aber auch einiges verändert mit meiner Ausbildungszeit. Der Sprung von der Schule in den Betrieb war nicht ohne: weg von Stundenplan, mehr oder weniger spannendem Unterricht, Hausaufgaben und selbst gestalteter Zeit, weg von meinen ganzen Schulfreunden, mit denen ich so viel erlebt und gerade in der Abschlusszeit noch ordentlich gefeiert hatte, von meinen geliebten Hoodies und meiner - sagen wir – eigenen Frisur, ja, eigentlich überhaupt weg aus meiner jahrelang altbekannten und gewohnten Wohlfühl- und Sicherheitszone hin zu einer Arbeit, die ich mir zwar ausgesucht, aber erst schrittweise ganz neu kennengelernt habe. Das war gar nicht so einfach. Da wurde auf einmal bis abends gearbeitet und ich hatte weniger Energie und Zeit zur freien Gestaltung. Statt lässiger Abschluss-Tim war ich jetzt der „Neue", der junge Azubi, der aus einer komplett anderen Welt als mein doch schon älterer Ausbildungsbeauftragter kam und natürlich auch andere Vorstellungen hatte …da gab es schon das ein oder andere Mal ordentlich Knatsch … uiuiui. Und es gab keine Hoodies mehr für mich, dafür eine neue Frisur und ‚angemessene' Kleidung für eine ordentliche Repräsentation der Hartung AG im Innen- und Außenkontakt. Ich war jetzt Teil eines bunt gemischten Teams, in dem ich nicht mehr nur für mich allein Verantwortung hatte, da auch andere auf meine Arbeit angewiesen waren, in dem ich mir aber gleichzeitig auch nicht sicher war, was die einzelnen Leute eigentlich genau von mir erwartet haben. Das hat mich damals ziemlich verunsichert …

Komisch, darüber hab ich gar nicht mehr nachgedacht, seit ich meine Ausbildung beendet habe. Wozu auch, schließlich, weiß ich ja jetzt, wie der Laden hier läuft, wie ich angemessen repräsentiere und was von mir erwartet wird. Aber Jonas - der weiß das nicht … Ich sollte mir eine Notiz im Buch machen … Tz, wie schnell man das, was einen damals so beschäftigt hat, im normalen Arbeitsalltag doch vergisst…

Hat diese Handreichung für ausbildende Fachkräfte, die mir Finja gegeben hat, noch irgendetwas Spannendes zu bieten, wenn man einen 17-jährigen Azubi bekommt? Mal sehen:

Das Jugendalter spielt eine bedeutende Rolle im Leben eines Menschen, weil sich hier die größten körperlichen, geistigen und sozialen Veränderungen abspielen: die geschlechtliche Reifeentwicklung, Loslösung vom Elternhaus, Berufswahl und Beginn der Berufsausbildung und vieles mehr. Dies bringt große Verhaltensunsicherheiten bis hin zu möglichen Identitätskrisen mit sich.

Ok, dem kann ich soweit folgen – es ist einiges los im Leben eines 17-Jährigen … und was heißt das jetzt konkret, liebe Handreichung? ...

In der Phase der körperlichen Entwicklung ist es sehr wichtig, dass der Jugendliche körperlich nicht überlastet wird und nicht einseitig körperlich belastet wird. Aha…

wichtig, dass Arbeitsplätze ergonomisch gestaltet sind und die ausbildende Fachkraft auf die persönliche Leistungsfähigkeit Rücksicht nimmt.

Das ist gut zu wissen. Ich sollte checken, in welchem Rahmen das bei uns passiert, wie sich statische Belastung vermeiden lässt … und was schreiben sie zur geistigen Entwicklung?

[…] ist ein vorübergehendes Nachlassen von Aufmerksamkeit, Konzentrationsfähigkeit und Gedächtnis ein normaler Vorgang.

Auch nicht schlecht, zu wissen … Anspannung und Entspannung sollten sich also abwechseln und Themen, die eine hohe Konzentration und Genauigkeit erfordern, lieber in den Vormittag gelegt werden, damit sich mein Azubi langsam an die Anforderungen des Berufslebens gewöhnen kann … Nachtarbeit ist tabu, weil gesundheitsschädlich, sage das Jugendarbeitsschutzgesetz, schreiben sie, interessant … Jugendarbeitsschutzgesetz – das kenn ich noch nicht. Könnte aber relevant für meinen Azubi sein. Das sollte ich mir nachher noch einmal genauer ansehen … Und im sozialen Bereich?

In der sozialen Entwicklung erweitert sich der Bezugsrahmen zu unterschiedlichen Personen, bis hin zur ersten Freundin, zum ersten Freund. In dem Maße, wie der Jugendliche erwachsen aussieht, wird von ihm auch ein erwachsenes Verhalten erwartet. Das kann zu Spannungen führen, gerade wenn der Jugendliche sich eben nicht so verhält, wie es erwartet wird.

Nach diesen Handreichungen darf ich mich ja auf einiges gefasst machen … Und wie gehe ich damit am besten um? Wie führe ich Jonas mit all diesem Wissen? Vielleicht sollte ich Lutz das mal fragen …

Unbedingt im Hinterkopf behalten:

Die Welt bei der Hartung AG ist eine ganz andere als die, die mein neuer Azubi bisher kennt. Es gibt viel Neues für ihn zu lernen und zu begreifen, vor allem aber neue Regeln zu befolgen.

Weil der Azubi nicht wissen kann, was wer von ihm erwartet, ist es wichtig, genau diese Erwartungen deutlich zu kommunizieren. Ich werde meinem Azubi also meine Erwartungen transparent machen und Arbeitsregeln mit ihm vereinbaren, damit er sich sicherer bewegen kann, sich wohler fühlt und schneller in der Hartung AG ankommt. Vielleicht ist es hilfreich, auch ihn nach seinen Erwartungen zu fragen?!

Notieren, welche Verhaltensweisen ich, welche das Team von Jonas erwartet!

Erwartungen an meinen Azubi Jonas

Erwartung	Das bedeutet
Pünktlichkeit	Du bist fünf Minuten vor dem Arbeitsantritt um 8.30 Uhr am Arbeitsplatz, bereit zur Arbeitsaufnahme.
Krankheit, zu spät kommen etc.	Solltest du aus irgendwelchen Gründen nicht rechtzeitig zur Arbeit erscheinen können, ruf mich bitte an und teile mir mit, was genau los ist (z. B. Krankheit, Verspätung, Stau…). Schreib mir bitte keine Mail, sondern greif zum Telefon.
Kleidung	Wir haben im Einkauf häufig Kundenkontakt, deshalb sind ein professionelles Auftreten und angemessene Kleidung sowie Sauberkeit wichtig. Bei uns heißt das: Hemd (kein T-Shirt), lange Hose (keine löchrigen Jeans), geschlossene Schuhe (keine Sneaker), gepflegter Bart, gekämmte Haare, kurze Fingernägel, dezentes Parfum ist erlaubt, man soll gut riechen.
Freundlichkeit	Gesten der Freundlichkeit sind wichtig bei einem professionellen Umgang mit anderen. Verwende deshalb Begrüßungs- und Verabschiedungsformeln, ein höfliches „Bitte“ und „Danke“ und auch sonst wertschätzende Formulierungen.
Du-Kultur	Vor Jahren hat man beschlossen, dass alle Mitarbeiter der Hartung AG sich duzen - vom Vorstandsvorsitzenden bis zum Praktikanten: Du und Vorname. Das „Du“ ist mit einem respektvollen Umgang untereinander verbunden.
Handy	Dein Handy sollte in deiner Tasche bzw. der Schreibtischschublade bleiben. Du kannst es in den Pausen und zur Recherche nutzen, falls kein PC da ist.
Internet	Das Internet wird für Geschäftszwecke ständig benötigt, die Nutzung für private Zwecke, etwa Aktivitäten in sozialen Netzwerken ist nicht erlaubt; alles wird aufgezeichnet.

Ehrlichkeit	Wer arbeitet, macht ab und zu auch Fehler. Passieren sie, ist unsere Leistung für die Kunden nicht optimal. Da Fehler immer ans Licht kommen, vertusch sie bitte nicht. Komm gleich zu mir, dann schauen wir beide, was wir tun können, um den Fehler zu korrigieren.
Geheimhaltung	Unsere Daten sind vertraulich. Einkaufspreise, Bezugsquellen, Lieferantendaten etc. dürfen also nicht weitergegeben werden, auch nicht an Dritte am Telefon. Schließ bitte abends alle Unterlagen ein und räum deinen Schreibtisch auf.
Mitdenken	Mitdenken ist bei uns sehr erwünscht. Ich freue mich, wenn du Ideen einbringst, Rückmeldung gibst, wenn du dich für etwas begeisterst, Dinge kritisch hinterfragst und Verbesserungsvorschläge machst, Initiative zeigst, wenn du Papierschnipsel vom Boden aufhebst, …

Anforderungen des Jugendarbeitsschutzgesetzes (JArbSchG)

Jugendlicher im Sinne des JArbSchG ist, wer 15, aber noch nicht 18 Jahre alt ist. Für diesen Personenkreis gelten besondere Rechte, die einzelnen Vorschriften findet man in den Paragrafen 8 – 19 JArbSchG:

- Die tägliche Arbeitszeit darf acht Stunden, die Wochenarbeitszeit 40 Stunden nicht überschreiten.
- An Samstagen dürfen Jugendliche in der Regel nicht bzw. nur in bestimmten Ausnahmefällen beschäftigt werden.
- Bei einer durchgängigen Arbeitszeit von mehr als viereinhalb Stunden hat der Jugendliche ein Recht auf eine 30-minütige Ruhepause, bei mehr als sechs Stunden 60 Minuten.
- Der Besuch der Berufsschule wird auf die Arbeitszeit angerechnet.
- In Tarifverträgen können besondere Regelungen vereinbart werden (Paragraf 21a JArbSchG).
- Jugendliche unter 16 Jahren haben Anspruch auf 30 Werktage Urlaub, 16- bis 17-Jährige haben Anspruch auf mindestens 27 Werktage, 17- bis 18-Jährigen auf mindestens 25 Werktage Urlaub.

- Vor Beginn der Ausbildung sowie nach einem Jahr sind ärztliche Untersuchungen des Auszubildenden vorgeschrieben. Ohne Nachweis der ärztlichen Untersuchung darf die zuständige Kammer den Ausbildungsvertrag nicht eintragen.
- Jugendliche dürfen keine Arbeiten verrichten, die gefährlich sind und die ihre körperlichen Kräfte übersteigen.
- Akkord- und Fließbandarbeit sind verboten.

3. Lutz' Führungstipps

3.1 Führungstätigkeiten

Nachdem Tim sich zu all den Gedanken einige Notizen in seinem Ausbildungsbeauftragten-Memo-Buch gemacht hat, meldet er sich bei Lutz und bittet ihn um ein Gespräch, in dem Lutz ihm das Thema Führen näherbringen soll. Lutz willigt gerne ein, schließlich ist eine gute Mitarbeiterführung sein Steckenpferd...

„Hallo Tim, schön, dass wir uns wieder sehen. Ich hab mich gefreut, als du mir erzählt hast, dass dich das Thema Führen gerade beschäftigt und du gerne mehr darüber wüsstest, um deinen Azubi souverän zu führen. Eine erfolgreiche Führung von Auszubildenden liegt mir nämlich besonders am Herzen. Ich denke also, dass ich dir bestimmt den ein oder anderen Tipp mit auf den Weg geben kann, der dir mit deinem Azubi helfen kann. Jonas heißt er, nicht wahr?" „Ja, genau, Jonas. Das wäre toll, Lutz, danke. Irgendwie fühle ich mich bei dieser neuen Aufgabe einfach noch etwas unsicher und wäre froh, durch unser Gespräch mehr Sicherheit zu bekommen."

„Das kann ich gut verstehen. Und eigentlich sind wir damit auch schon mitten im Thema, denn es ist eine wichtige Führungsaufgabe, seinen Mitarbeitenden die Sicherheit zu geben, die sie bei ihrer Arbeit benötigen. Aber fangen wir mal ganz grundsätzlich an. Der Managementkreislauf zählt als Führungsaufgaben folgende Tätigkeiten auf: Ziele setzen oder vereinbaren, planen, entscheiden, realisieren, kontrollieren und kommunizieren. Kannst du damit schon etwas anfangen?"

„Ja, nach den Gesprächen mit Finja weiß ich, welche Ziele Auszubildende im Einkauf erreichen müssen. Sie sind in der Ausbildungsordnung vorgeschrieben und ich habe sie mit Finja besprochen. Jetzt ist es wichtig, dass Jonas sie auch kennenlernt und sie gut fassen kann – und dazu führe ich mit ihm ein Zielvereinbarungsgespräch, sobald er bei mir im Einkauf ist."

„Da bist du doch schon auf einem sehr guten Weg, schön. Und wie sieht es beim Planen aus?" „Mh, ich hab von Finja schon einige wirklich gute Prinzipien an die Hand bekommen, wie ich die Ausbildungsinhalte sinnvoll und gewinnbringend planen kann. Trotzdem bereitet mir die Planung mehr Kopfzerbrechen. Es ist nämlich so, dass schon bei der Planung meiner eigenen Arbeit immer wieder etwas dazwischenkommt und ich meine eigenen Pläne eigentlich nie so umsetzen kann, wie ich es mir vorgestellt habe. Mal wird die Produktion umgestellt und ich muss unbedingt noch zusätzliche Rohstoffe beschaffen, mal kann ein Lieferant aus irgendwelchen Gründen seine Termine nicht einhalten, irgendwas ist immer... und darauf muss ich spontan reagieren. Flexibilität gehört im Einkauf einfach zum Tagesgeschäft. Wie soll ich unter diesen Voraussetzungen einen sinnvollen Plan für die Ausbildung machen und ihn dann noch einhalten?"

„Wenn Flexibilität im Einkauf Tagesgeschäft ist, muss ein guter Einkäufer auch flexibel sein, oder nicht?" „Klar, sonst ist der Einkauf nicht der richtige Ort für ihn." „Wenn wir unsere Fachkräfte von morgen ausbilden, sollten wir ihnen also unbedingt auch beibringen, dass Einkäufer*innen der Hartung AG hochflexibel sein müssen." „Ja, da hast du Recht. Alle, die bei uns im Einkauf sind, müssen das wissen und auch umsetzen können." „Wenn das so ist, dann wird dein Auszubildender im Einkauf erstens schnell merken, was Flexibilität bedeutet, und er wird dann auch verstehen, warum du diese Flexibilität auch bei der Umsetzung deines Plans für seine Ausbildung gebrauchen musst. Ja?"

„Ja, das sollte er eigentlich." „Hast du für deine ‚normale' Tätigkeit als Einkäufer denn einen Plan?" „Natürlich. Ohne Plan wäre ich aufgeschmissen und würde die Hälfte vergessen." „Aber du musst ihn ständig ändern, hast du gesagt." „Ja, genau, deshalb ist der Plan so wichtig: ‚Wer einen Plan hat', hat mein Lehrmeister damals gesagt, ‚der kann den Plan ändern. Wer keinen Plan hat, ist planlos und verliert das Wesentliche aus den Augen.'" „Besser hätte ich das auch nicht sagen können – guter Mann. Genau so ist es auch beim Ausbilden. Mach einen Plan, was du wann wie vermitteln willst, einen Plan, in dem du auch wichtige Termine vermerkst, die auf jeden Fall auf dich zukommen. Finja kann dir bei bestimmten Fixterminen und Planungen sicherlich helfen, falls du da unsicher bist, ob du an alles gedacht hast. Und dann: Handhabe diesen Plan so flexibel, wie es die tägliche Arbeit von dir verlangt. Stell aber sicher, dass du am Ende der Ausbildungszeit alles vermittelt hast, was du vermitteln musst. Das gelingt dir am besten, wenn du den Plan sichtbar werden lässt, so dass du ihn vor Augen hast, entweder als Datei auf dem PC oder als Skizze, die du von Hand machst. Die Umsetzung dieses sichtbaren Plans ist reine Geschmackssache, das kannst du machen, wie du willst. Du brauchst aber auf jeden Fall einen aufgezeichneten Plan, um dein Gedächtnis zu entlasten." „Im Moment entlastet es mich schon enorm, dass ich meinen Plan flexibel umsetzen kann, danke. Das nimmt gerade echt Druck aus der ganzen Sache für mich raus."

„Das höre ich gerne. Wenn alles geplant ist, wird es dir leichter fallen, Prioritäten zu setzen und sicherer zu entscheiden, was in konkreten Situationen zu tun ist. Das ist eine weitere Führungsaufgabe: das Entscheiden. Du wirst immer wieder Entscheidungen treffen müssen, denn du kannst dich als Führungsperson nicht nicht entscheiden, sei es nun in Bezug auf Fragestellungen aus der Vermittlung oder auf disziplinarische Maßnahmen. Da ist es gut, wenn man seine Entscheidungen von einem soliden Fundament verschiedener Planungen und Überlegungen aus treffen kann, weil sie stabil darauf ruhen und dir Sicherheit geben. Ja, und dann kommt auch schon die nächste Führungsaufgabe, das Umsetzen. Und das bedeutet in deinem Fall, Jonas Inhalte beibringen, ihn in seinem Tun beobachten, Rückmeldung geben und die vermittelten Inhalte auf deiner Checkliste festhalten. Die Checkliste, die du angefertigt hast, hat mir übrigens gut gefallen; Finja hat sie mir gezeigt - gute Idee.

Damit du ihm eine qualifizierte Rückmeldung geben kannst, musst du die Arbeit deines Auszubildenden genau anschauen. In der Führungssprache spricht man von Kontrolle. Viele Führungskräfte drücken sich in der Praxis vor dem Kontrollieren, weil sie es irrtümlicherweise für etwas Schlimmes halten. Dabei ist Kontrolle, wenn man sie richtig anwendet, sogar ein Motivationsinstrument. Finja habe ich mal ein gleichnamiges Buch geschenkt. Sie soll es dir bei Gelegenheit mal ausleihen, wenn sie wieder da ist. Kontrolle gibt Sicherheit und Sicherheit ist etwas sehr Wertvolles. Du bist doch auch deswegen zu mir gekommen, nicht wahr? Weil du die Sicherheit haben willst, alles richtig zu machen." „Ja, das ist so." „Siehst du: Sicherheit ist wichtig und richtig durchgeführte Kontrollen in Verbindung mit einer zeitnahen und klaren Rückmeldung geben Sicherheit, weil man erkennt, wo man gerade steht, wo man seine Stärken und seine Schwächen hat, an denen man dann weiter arbeiten kann."

„Gibt es weitere Führungstätigkeiten, die ich berücksichtigen sollte? Wie sieht es mit dem Motivieren aus?" „Das ist ein besonderes Thema, vor allem das Vermeiden von Demotivation ist eine wichtige Führungstätigkeit. Wenn du zunächst aber einmal die Führungsaufgaben aus dem Managementkreislauf beherzigst, trägst du schon viel zu einem motivierenden Stil bei. Finja wird das Thema Motivation dann noch persönlich mit dir besprechen. Da will ich ihr jetzt nicht vorgreifen."

3.2 Führungsstile

„Gut, dann bin ich gespannt, was sie mir alles zu erzählen hat. Apropos motivierender Stil, es gibt ja verschiedene Führungsstile. Wie sollte ich denn meine Auszubildenden führen, Lutz? Gibt es da brauchbare und weniger brauchbare Stile? Und: Was meint Führungsstil überhaupt?"

„Nun, jede Führungskraft hat ihre eigene Art, mit den Menschen, die sie führt, umzugehen. Verschiedene Wissenschaftler haben das untersucht und ihre Theorien versuchen das, was sie dabei beobachtet haben, auf eine verständliche Kurzformel zu bringen. Deshalb gibt es mehrere Darstellungen zu den Führungsstilen. Eine davon, nämlich die von Blake und Mouton, beschreibt die Stile auf eine mir besonders verständliche Art. Deshalb nutze ich jetzt diesen Ansatz, um dir zu erklären, welche klassischen Führungsstile man prinzipiell unterscheiden kann. Von welchen Stilen hast du denn schon etwas gehört?"

„Laissez-faire kenne ich vom Ausdruck her, kollegial habe ich auch schon gehört und autoritär natürlich. Aber wo liegt der Unterschied?" „Blake und Mouton definieren die Führungsstile nach zwei Kriterien. Erstens: Wie wichtig ist es der Führungskraft, dass es ihren Mitarbeitenden gut geht? Und zweitens: Wie wichtig ist für die Führungskraft das Arbeitsergebnis? Wenn ich das jetzt hier in diese Grafik eintrage, dann entsteht ein Quadrat mit vier Ecken und jede Ecke gibt einen der klassischen Führungsstile wider:

Links unten kümmert sich die Führungskraft weder um das Wohl der Mitarbeitenden noch um das Arbeitsergebnis. Ihr ist schlicht und ergreifend alles egal, sie versteckt sich hinter Vorschriften und ‚lässt es laufen'." „Das hört sich schon sehr nach Laissez-faire an." „Richtig. Und ich denke, es leuchtet jedem ein, dass das kein Stil ist, mit dem wir unsere Fachkräfte von morgen ausbilden sollten, oder?" „Das ist wohl so. Ich wüsste nicht, wie Führungskräfte, denen alles egal ist und die sich nicht festlegen wollen, gute Vorbilder für ihre Mitarbeitenden und besonders für Auszubildende sein sollten, die ja besonders unsicher sind und viel im Abschauen lernen. Laissez-faire ist also raus."

„In der linken oberen Ecke des Quadrats ist es der Führungskraft absolut wichtig, dass es den Mitarbeitenden gut geht, das Arbeitsergebnis spielt aber überhaupt keine Rolle. Was hältst du davon?“ „Schon besser, aber bei uns spielt das Arbeitsergebnis schon eine Rolle. Schließlich sollen die Mitarbeitenden sich und ihre Fähigkeiten einbringen und eine Leistung erstellen, damit die Kunden der Hartung AG erhalten, was sie erwarten. Die Führungskräfte sollten, meiner Meinung nach, also alles so organisieren, dass es Freude macht, Leistung zu erbringen und Ergebnisse zu erreichen. Wenn dem nicht so ist, führt auch dieser Führungsstil, denke ich, nicht zu ordentlichen Ergebnissen.“ „Das sehe ich auch so. Als Ausbildungsbeauftragter bist du die Führungskraft und der Mensch, der die Azubis zu qualifizierten Fachpersonen ausbildet. Deshalb ist die Leistung, die sie bringen, wichtig. Sie sollen schließlich alles richtig lernen und umsetzen, um am Ende der Ausbildung über reale Berufserfahrung zu verfügen. Da spielen die Leistung und das Arbeitsergebnis eine Rolle. Kollegial zu führen und sich ständig wie ein kumpelhafter Kollege zu benehmen, helfen dabei nicht weiter.“

„Heißt das, ich muss autoritär auftreten?“ „Das wäre der Führungsstil in der rechten unteren Ecke des Quadrats. Motto: Ich Chef, du nix! Wenn du so führst, ist lediglich die Leistung wichtig, wie es dem Menschen geht, ist egal. Glaubst du, dass man so die Fachkräfte von morgen für sich begeistert?“ „Sicher nicht. Entweder laufen sie uns gleich davon oder sie bleiben, sind dann aber so eingeschüchtert oder frustriert, dass wohl jegliche Eigeninitiative, jede Freude an der Arbeit und jeder Funke von Mut im Keim erstickt werden. Sich ständig unterdrücken zu lassen und nie etwas richtig zu machen, hält auf Dauer kein Mensch aus, denke ich.“ „Ein autoritärer Führungsstil ist in der Ausbildung also auch nicht zu gebrauchen. Sehe ich genauso. Bleibt noch ein Stil übrig und der befindet sich in der rechten oberen Ecke des Quadrats.“„Also dort, wo sich die Führungskraft sehr für das Wohl der Mitarbeitenden interessiert und zusätzlich auch sehr darauf achtet, dass die Leistung, das Arbeitsergebnis stimmt?“

„Genau da. Was denkt sich so eine Führungskraft?“ „Nun, wahrscheinlich denkt sie sich: Wenn die Leute gerne zur Arbeit kommen und Freude an dem haben, was sie tun, dann arbeiten sie auch gut.“ „Und könnte diese Überlegung stimmen?“ „Also bei mir auf jeden Fall. Wenn ich mich wahrgenommen fühle und respektiert, wenn ich merke, dass ich Freiraum habe und

Ideen einbringen kann und dass man auch auf meine Wünsche eingeht, dann arbeite ich gerne und hab auch kein Problem damit, mal länger zu bleiben, wenn es nötig ist." „Glaubst du, das geht nur dir so?" „Eigentlich nicht. Gefühlsmäßig geht es andern wahrscheinlich ähnlich."

„Dann wird es bei deinem Auszubildenden Jonas auch so sein. Heißt: Nimm deinen Azubi ernst, anerkenne ihn, indem du ihn in seinem Tun wahrnimmst und ihm verlässlich Rückmeldung gibst. Bring ihm Wertschätzung für seine Leistungen entgegen, fördere und fordere ihn. Sei achtsam im Umgang mit ihm, lass ihm einen geeigneten Freiraum für Eigeninitiative, stell aber auch angemessene Forderungen. Hab ein offenes Ohr und verständliche Worte für ihn. Wenn du es schaffst, während seiner Ausbildung zur Fachkraft mit all dem Vorbild für einen kompetenten Umgang mit Gefühlen und Herausforderungen zu sein, konsequent, gelassen und fair, dann ist das ein sehr guter Führungsstil." „Vielen Dank, Lutz, das hat mir sehr geholfen."

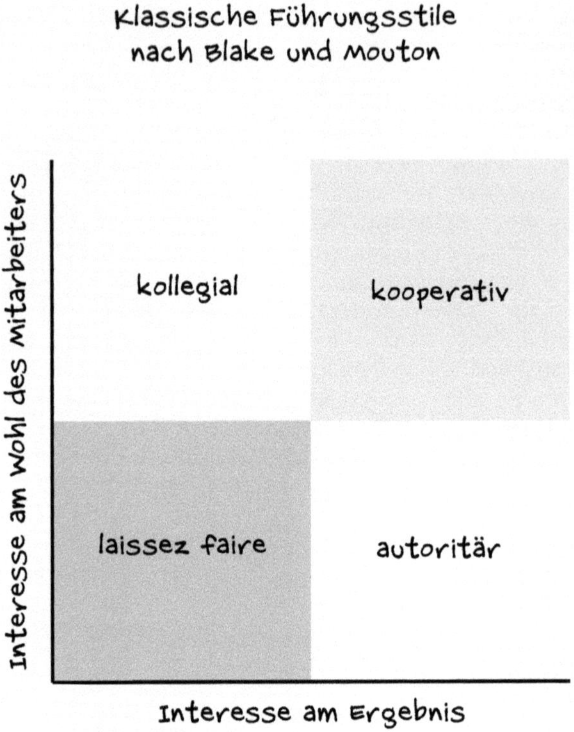
Klassische Führungsstile
nach Blake und Mouton
kollegial
kooperativ
laissez faire
autoritär
Interesse am Wohl des Mitarbeiters
Interesse am Ergebnis

4. Organisatorische Vorbereitung auf den ersten Tag

Tim freut sich: Der Tag, an dem Jonas zum ersten Mal in seine Abteilung kommt, ist in greifbarer Nähe. Nach den Gesprächen mit Finja und Lutz hat er ein sicheres und richtig gutes Gefühl, wenn er daran denkt, nun als Ausbildungsbeauftragter aktiv zu werden, denn seine wichtigen Grundfragen sind geklärt. Er hat ein Bild von seiner neuen Rolle, kennt seine Aufgaben und Pflichten, er ist vertraut mit dem, was er zu vermitteln hat und wie er das möglichst sinnvoll tut, er weiß, dass und wie er führen möchte, und hat sich Gedanken zur Situation seines Azubis gemacht.

Weil ihm bei dem Rückblick in seine eigene Ausbildungszeit klar worden ist, wie intensiv er den ersten Tag bei der Hartung AG wahrgenommen hat und wie wichtig es für ihn damals war, einen positiven Einstieg zu haben, sitzt Tim nun an seinem Schreibtisch und überlegt, was es noch zu organisieren gibt, um Jonas einen gelungenen Start in seiner Abteilung zu ermöglichen.

Mal sehen, Jonas kommt am Montag, den sollte ich mir also auf jeden Fall freihalten. Gut - steht dick im Kalender. Was soll an diesem Tag alles passieren? Ich möchte Jonas abholen, ihn herzlich bei uns begrüßen, ein ordentliches Gespräch mit ihm führen, ihm seinen Arbeitsplatz und das Team vorstellen, vielleicht wäre es auch ganz nett, gemeinsam zu essen und dann sollte ich ihm eine erste Aufgabe geben, damit er direkt ins Arbeiten kommt und am Ende des Tages einen ersten Einblick hat, wer und was ihn bei uns erwartet.

Was bedeutet das jetzt an Vorbereitungsschritten für mich? Ich sollte das Team erst einmal informieren, dass Jonas zu uns kommt. Sind gerade alle da? Ja, super. Dann mach ich das doch gleich mal:

„Hallo Leute, könnte ich mal kurz eure Aufmerksamkeit haben? Es wird nicht lange dauern. Vielen Dank. Ab kommendem Montag werden wir einen taufrischen Auszubildenden zum Industriekaufmann bei uns in der Abteilung haben. Er heißt Jonas Djako, ist 17 Jahre alt und wird drei Monate lang hier im Einkauf sein. Ich bin sein Ausbildungsbeauftragter und würde mich sehr freuen, wenn ihr mithelfen könntet, dass er sich schnell gut bei uns einarbeiten und zurechtfinden kann. Seid also nett zu ihm und unterstützt ihn, wo ihr könnt. Damit wir von Anfang an eine klare Linie fahren und unseren Auszubildenden nicht unnötig verwirren, ist es mir wichtig, dass nur ich Jonas Aufträge gebe. Solltet ihr also Aufgaben haben, die für unseren Azubi geeignet sind, oder anderweitig gute Ideen zu seiner Förderung, besprecht sie bitte mit mir, damit ich sie dann an ihn weitergeben kann. Ich danke euch schon jetzt für eure Unterstützung und bin mir sicher, dass Jonas unsere Abteilung mögen wird – Einkauf rockt! Wenn das für euch passt, würde ich nachher noch kurz mit meiner Kamera vorbeikommen und von jedem von euch ein Bild machen. Dann kann ich ein Organigramm von unserer Abteilung erstellen, das es Jonas leichter macht, die verschiedenen Personen wiederzuerkennen und einzuordnen. Danke für eure Aufmerksamkeit und frohes Weiterschaffen!"

Das hat doch schon einmal gut geklappt, sehr schön. Jetzt sollte ich mir nur Vanessa noch kurz schnappen und mit ihr reden … „Vanessa, hast du ein paar Minuten? Ich würde dich gerne was fragen." „Für unseren Stareinkäufer doch immer. Was gibt`s?" „Ich weiß schon, warum du meine Lieblingskollegin bist. Aber was anderes: Du hast es ja gerade auch gehört, wir bekommen einen Azubi, für den ich der zuständige Ausbildungsbeauftragte bin." „Ja, das hab ich mitbekommen. Schön, dass du das machst, er kann bestimmt einiges von dir lernen. Und was genau willst du mich jetzt fragen?" „Es ist mir wichtig, hier im Einkauf eine stellvertretende Person zu haben, für den Fall, dass ich nicht hier bin und Jonas eine Ansprechperson braucht. Und ich würde mich sehr freuen, wenn du diese Person wärest. Du kennst dich bestens im Einkauf aus, bist extremst sympathisch und zuverlässig – eine bessere Stellvertretung kann man sich also gar nicht vorstellen. Kannst du dir denn vorstellen, meine Stellvertreterin zu sein?" „Als ob ich bei so einer Anfrage nein sagen könnte … Wenn du mir die Tage genau erklärst, was ich zu tun habe, mach ich das. Ich werde ja wahrscheinlich sowieso eher selten zum Einsatz kommen und es erscheint mir sinnvoll, dass Jonas immer jemanden vor Ort hat, zu dem er kommen und Fragen stellen kann."

„Hervorragend! Das freut mich sehr. Natürlich erklär ich dir deine Aufgaben. Das wird gut machbar sein für dich, da bin ich mir sicher. Ich würde dir nachher schon mal zwei Dokumente vorbeibringen, die ich für Jonas' Zeit hier im Einkauf vorbereitet habe – einmal eine Übersicht über alle Inhalte, die ich ihm während seiner Zeit hier vermitteln muss, so bekommst du auch einen Eindruck, was für den Azubi in der nächsten Zeit auf dem Plan steht, und dann noch eine Übersicht mit Erwartungen an ihn, die ich Jonas gleich am Montag geben möchte, damit er weiß, worauf es mir bei der Zusammenarbeit mit ihm in der Abteilung ankommt, was ich meine, wenn ich von bestimmten Begriffen oder Sachverhalten spreche. Ich halte es für klug, wenn du diese Erwartungen auch kennst, so dass wir alle auf dem gleichen Stand sind." „Ja, das ist sicherlich nicht verkehrt. Dann bin ich gespannt, was ich da zu lesen bekomme und wir hören uns bald wegen des Rests?" „So machen wir das. Dank dir, Vanessa." „Kein Problem, Tim."

Super, da ist doch schon wieder einiges geklärt, das wird. Und wo ich schon am Klären bin … Tim greift zum Telefonhörer. „Hallo Finja, ich bin`s Tim. Na, wie war deine Fortbildung? Lehrreich?" „Hallo Tim, ja, die Fortbildung war ganz gut, hab einiges mitgenommen. Und du warst auch nicht untätig in meiner Abwesenheit, hab ich gehört." „Ja, das stimmt. Ich hab mich auf meinen Azubi vorbereitet. Montag kommt Jonas ja in den Einkauf. Das ist auch der Grund meines Anrufs. Erst einmal wollte ich dir sagen, dass ich Vanessa Schreiber gebeten habe, meine Stellvertreterin zu sein, falls ich, aus welchen Gründen auch immer, einmal nicht im Einkauf bin und Jonas einen Ansprechpartner vor Ort braucht. Ich freu mich sehr, dass sie zugesagt hat." „Das ist schön, ja, und sicherlich sehr hilfreich, eine Stellvertretung vor Ort zu haben, die sich im Einkauf auch gut auskennt, so dass Jonas sich in deiner Abwesenheit nicht verloren vorkommt in der Abteilung."

„Ja, genau. Ich hab in der Zwischenzeit auch Erwartungen an Jonas formuliert und versuche, ihm Abläufe bei uns möglichst klar zu vermitteln, um ihm Sicherheit zu geben. Jetzt ist mir bei der Vorbereitung aufgefallen, dass ich selbst bei einigen Szenarien nicht genau weiß, wie wir das am besten regeln, ob sie in meinen oder deinen Zuständigkeitsbereich fallen. Daher die Frage an dich: Wenn Jonas aus irgendwelchen Gründen zu spät oder gar nicht an seinem Arbeitsplatz erscheint. Bei wem soll er sich melden? – Ich würde vorschlagen, dass er das bei mir tut, weil ich ja derjenige bin, der ihn betreut und dementsprechend auch auf ihn wartet. Was meinst du dazu?" „Das würde ich auf jeden Fall auch so handhaben. Es ergibt nur Sinn, dass du erster Ansprechpartner für alles bist, was unmittelbar mit Jonas' Einsatz im Einkauf zu tun hat." „Ok, dann notier ich das so. Das heißt dann im Umkehrschluss für mich auch, dass alles, was mit Jonas' Ausbildung im Allgemeinen zu tun hat, eher in deinen Verantwortungsbereich fällt, ja?“ „Ja, so würde ich das sehen. Wenn Jonas Urlaub beantragen will oder es darum geht, dass er Ergebnisse aus der Berufsschule vorzulegen hat, dann bin ich seine Ansprechpartnerin. Wobei für mich hierzu noch zu ergänzen ist, dass wir zwar für unterschiedliche Sachverhalte Ansprechpartner für Jonas sind, die Informationen aber, sofern sie auch für den anderen von Bedeutung sind, uns beide erreichen sollten. Und da würde ich dich bitten, dass du mir Bescheid gibst, wenn Jonas krank ist, wenn er öfter zu spät kommt oder etwas in der Abteilung nicht rund läuft. Wir können solche Dinge auch gerne bei unserem monatlichen Treffen genauer besprechen, so haben wir nämlich die Möglichkeit, uns zusammen einen schlüssigen Umgang damit zu überlegen und diese Klarheit sollte allen Beteiligten Sicherheit geben. Ich werde dich natürlich auch auf dem Laufenden halten, wann immer es Wissenswertes gibt. “ „Das klingt sehr vernünftig für mich.“ „Gut, dann machen wir das so. Sonst noch Fragen?“ „Nein, im Moment nicht. Ich werd mich jetzt noch an die letzten Vorbereitungen machen, auf dass Jonas einen guten Einstieg am Montag hat.“ „So gut, wie du dich auf ihn vorbereitest, hab ich daran keinen Zweifel. Mach’s gut, Tim.“ „Danke, Finja, du auch.“

So, damit dürften jetzt mit allen an der Ausbildung beteiligten Personen die wichtigsten Absprachen getroffen sein, alle sind informiert. Sehr schön. Bleibt für mich noch Orga rund um Jonas‘ neuen Arbeitsplatz: Ich sollte aufräumen, seinen Schreibtisch putzen und ihm etwas Arbeitsmaterial bzw. Büromaterialien bereitlegen. Apropos Schreibtisch: Jonas braucht ein Computer-Passwort und eine Durchwahlnummer. Mh, da geb ich am besten Ute Bescheid, dass sie sich drum kümmert bis Montag. Wenn sie schon dabei ist, kann sie auch gleich noch einen Schlüssel und eine Stempelkarte für Jonas besorgen, die braucht er ja auch …. Fehlt sonst noch was? … Lass mal überlegen, das Organigramm bastel ich noch und ein Willkommensschildchen auch … Vielleicht kann ich noch ein paar Infos zu unserer Abteilung zusammenstellen und überhaupt eine Infobroschüre zur Hartung AG organisieren. Die kann er dann bei Gelegenheit lesen und bekommt eine Idee von den größeren Zusammenhängen hier. Das mach ich ... Ach ja, die Erwartungen wollte ich ja auch noch kopieren …Irgendwas fehlt noch … Führung durch die Abteilung mit ihren wichtigsten Orten läuft so, da weiß ich schon, wie ich sie aufbaue und gleichzeitig die Leute vorstelle, gemeinsames Mittagessen ist auch organisiert, was fehlt denn dann? Da war noch was, da bin ich mir sicher … sicher, sicher … Sicherheit … stimmt, die Sicherheitseinrichtungen muss ich ihm am Montag auch gleich noch erklären mit Notfallplan, Notausgängen, Brandschutz und so. Das war's. Ich wusste doch, es fehlt was …Was ich nicht alles im Kopf haben sollte … Ich mach mir am besten ne Checkliste, sonst vergess ich zweimal die Hälfte … und wenn ich schon dran bin, mach ich am besten auch noch eine zum Ablauf des ersten Tages, damit alles rund läuft … Ich bin schon richtig gespannt, wie das wird …

Checkliste Arbeitsplatz und Team vorbereiten

Eintritt vorbereiten	Erledigt	Datum
• Termin im Kalender reservieren für das Begrüßungsgespräch • Zeit einplanen für Willkommensgespräch • Zeit einplanen für Führung durch Abteilung • Zeit für Frühstück mit Azubi reservieren • Team informieren • Zuständigkeiten mitteilen • Gemeinsames Mittagessen mit Team? • Zeit einplanen für Gespräche in der 1. Woche		
Informationsmaterial beschaffen	**Erledigt**	**Datum**
• Organigramm der Abteilung (mit Fotos) • Information über die Abteilung • Produkte, Muster, Kataloge oder Ähnliches • Wichtige Daten festhalten • ...		
Arbeitsplatz vorbereiten	**Erledigt**	**Datum**
• Arbeitsplatz reinigen und richten • „Willkommen"-Schild aufstellen? • Arbeitsmaterial bereitlegen • Telefonnummer, Computer-Passwort • Büromaterial, Arbeitsmittel • ...		
Zugang organisieren	**Erledigt**	**Datum**
• Schlüssel, Badge, Ausweis, Stempelkarte, ... • Garderobe • ...		
Arbeitsinstrumente und Arbeitsausstattung	**Erledigt**	**Datum**
• Geräte (PC, Drucker, Fax, Telefon …) • persönliche Lernunterlagen vorbereiten • ...		

Individuellen Bildungsplan für den oder die Lernende*n in dieser Abteilung vorbereiten (in Absprache mit Ausbildungsleiter*in)	Erledigt	Datum
• Programm des ersten Arbeitstags planen • erste Aufgabe vorbereiten • Wochenprogramm erstellen		
Führung durch die Abteilung	Erledigt	Datum
• roten Faden festlegen • Team informieren		

Checkliste Ablauf erster Arbeitstag

Thema	
Einstieg	• Abholen • Begrüßungsgespräch • Wichtigste Informationen geben (wirklich nur die allerwichtigsten): Erwartungen an Azubi • Tagesablauf besprechen
Team	• Vorstellen im Team • Organigramm mit Bild und Name (damit Jonas sich die Namen merken kann) • Wer macht was? • Stellvertreter vorstellen
Arbeitssicherheit und Gesundheitsschutz	• Arbeitssicherheit • Notfallplan • Notausgang • Feuerlöscher • Betriebssanitäter • Essen und Trinken im Pausenraum
Arbeitsplatz	• Arbeitsplatz zeigen • Arbeitsinstrumente/-mittel/Büromaterial zeigen und erklären • Telefonnummer, Mailadresse mitteilen • Gepflogenheiten im Umgang mit Telefon und Internet besprechen • Schlüssel/ Ausweis/Zeiterfassungskarte • Versorgung • Frühstücksraum (wenn möglich jetzt gemeinsam Frühstückspause machen mit dem Team) • Mittagessengepflogenheiten, ggf. für den ersten Tag gleich einladen
Kurzrundgang	• Kopierer • Toiletten • Garderobe • Pausenraum • Kantine

Erste Aufgabe	• Erste machbare Aufgabe übergeben (dem Ausbildungsstand angemessen und so, dass nichts schief gehen kann -> Erfolgserlebnis)
Mittagessen	• wenn möglich gemeinsam (nur am ersten Tag)
Weiterarbeit	• Lernende*r arbeitet weiter
Abschlussgespräch	• Arbeit anschauen und Rückmeldung geben • Fragen, wie der erste Tag gelaufen ist • Verabschieden, vereinbaren, wie es morgen weitergeht

Tim Machert bildet aus

1. Eine intensive erste Woche

Tim steht in der Kantine in der Schlange der Essensausgabe und wartet auf sein Mittagessen. „Hey Tim, das ist ja schön, dass ich dich hier treffe.“ „Ach hey, Finja, ja, wer kann schon dem Milchreis-Freitag widerstehen? Für dich auch Zimt und Zucker?“ „Ja, gerne. Ich steh auf die Zuckerkruste und wenn dann auch noch Kirschen dazu kommen, perfekt.“ „Unbedingt. Wollen wir uns dort vorne hinsetzen?“ „ Ja, das ist ein guter Platz. Aber jetzt erzähl mal, wie läuft es mit dem neuen Azubi? Wie ist die erste Woche bisher gewesen?“

„Gut läuft es, finde ich. Jonas ist ein netter Kerl und hoch motiviert, Einblicke in den Einkauf zu bekommen. Das ist natürlich toll für mich und spornt an, ihm möglichst viel beizubringen. Wir treffen uns gleich nach dem Essen auch noch zu einem Gespräch, in dem wir über die erste Woche, seine Eindrücke und das, was so alles noch kommt, sprechen wollen, aber vielleicht fang ich mal von vorne an … Also, am Montag ist Jonas zu uns in die Abteilung gekommen bzw. ich hab ihn unten an der Pforte abgeholt und ihn dann in die Abteilung mitgenommen. Das Abholen schien mir wichtig, weil ich ihm damit zeigen wollte, dass er in mir jetzt eine Person hat, die ihn nicht dumm rumstehen lässt, sondern ihn dort holt, wo er gerade steht, und ihn dann, zwar nicht wörtlich an der Hand, aber doch mitnimmt in die neue Einkaufswelt, um ihn dort zu integrieren.“ „Du meinst, dein Abholen war mehr als das konkrete Abholen, quasi ein symbolisches?“ „Ja, genau.“ „Das finde ich einen sehr klugen Gedanken. Ich bin mir sicher, das Abholen hat Jonas einiges von seiner Anfangsnervosität genommen und ein erstes positives Fundament für eure Beziehung gelegt, schließlich ist nur der, der abgeholt wird, dann auch da, wo er gebraucht wird. Mh, diese Kirschen sind einfach hervorragend…“

„Den Eindruck hatte ich auch. Ich hab mich dann erst einmal mit ihm im Büro unterhalten. Wir haben uns gegenseitig vorgestellt, etwas geredet, den Tagesablauf geklärt, und ich hab ihm meine Erwartungen für unsere Zusammenarbeit an die Hand gegeben, damit er weiß, worauf es mir dabei ankommt und von was genau ich eigentlich spreche. Ich hab ihn auch gebeten, sich bis heute Gedanken zu machen, was ihm bei unserer Zusammenarbeit wichtig ist und welche Erwartungen er eigentlich hat, damit auch ich das weiß. Ich denke, eine solche Verständigung gibt uns beiden Sicherheit und macht es leichter, gut zusammenzuarbeiten." „Das ist auf jeden Fall so. Und du machst mit deinem Vorgehen zwei Dinge deutlich: zum einen, dass du dein Gegenüber wertschätzt, indem du es nicht im Nebel rumstochern lässt, was du konkret von ihm erwartest, und auch seine Sicht dir wichtig ist. Das zeigt Respekt. Zum anderen, dass du ein Vorgesetzter bist, der fair mit seinen Leuten umgeht, weil er eben nicht scheinbar willkürlich handelt, sondern seine Erwartungen kundtut, um sie dann einzufordern. Beides wirkt sich positiv auf eure Arbeitsbeziehung aus und wird dir in der kommenden Zeit auf jeden Fall zugutekommen. Je klarer Dinge nämlich formuliert sind, desto leichter werden sie zu kontrollieren sein und desto besser lässt sich eine nachvollziehbare Rückmeldung geben, die dann wieder für Sicherheit bei deinem Gegenüber sorgt. Es ist also sehr hilfreich, wenn du dir in der Anfangsphase von Jonas' Ausbildung im Einkauf viel Zeit für Gespräche mit ihm nimmst, auch wenn die Zeit erst einmal von deinem Alltagsgeschäft abgeht, du wirst später davon profitieren, wenn du ihm jetzt viel erklärst und wichtige Weichen für eine erfolgreiche Zusammenarbeit stellst."

„Das ist gut, dass du das sagst. Ich hatte in den letzten Tagen oft das Gefühl, unglaublich viel zu reden und Jonas zu erklären. Aber ist ja auch klar, für ihn ist alles neu und es ist mir wichtig, ihn vom ersten Tag an mit der Abteilung vertraut zu machen, mit ihren Menschen, ihren wichtigen Orten, ihren Regeln und natürlich der Arbeit. Schließlich soll Jonas ja möglichst schnell ein Teil vom Einkauf werden." „Das wird er auch, wenn du weiterhin so vorgehst wie bisher, also mit ihm im Gespräch bist, dich mit ihm hinsetzt und ihm Klarheit verschaffst, was ihn inhaltlich und formal im Einkauf erwartet. Sicherlich sind das im Moment ziemlich viele Informationen und Eindrücke, die Anfangszeit in einer neuen Abteilung ist immer eine intensive Zeit. Aber wenn du es schaffst, all die Informationen so zu portionieren, dass sie gut zu verdauen sind, gewinnt Jonas durch sie und auch dir nützt es, wenn die Richtung eures Zusammenwirkens von Anfang an festgelegt ist, weil ihr euch immer wieder darauf zurückbeziehen könnt. Apropos verdauen: Isst du das noch?" „Was? Ach so, das, ähm nein. Willst du?" „Ja, gerne. Mhh." „Das passende Portionieren finde ich gar nicht so leicht. Ich habe gemerkt, dass Jonas am ersten Tag ganz schön erschlagen war von all dem Neuen. Und es kommt ja jeden Tag etwas Neues dazu, neue Leute, neue Tätigkeiten, neue Abläufe .... Deshalb hab ich Jonas in den letzten Tagen bei unserem kurzen Abschlussge-spräch abends immer die Möglichkeit eröffnet, mir eine Rückmeldung zum Tag zu geben, und ihm gesagt, worauf er sich am nächsten Tag einstellen kann. Ich glaube, das hat ihm ganz gut getan. Bei den ersten Aufgaben, hab ich deine Ratschläge beherzigt und es erst einmal langsam angehen lassen. Das hat gut funktioniert und Jonas schon erste Erfolgserlebnisse beschert, die ihn gerade anspornen, motiviert und neugierig bei der Sache zu sein.

Ja und heute steht jetzt, wie gesagt, noch ein größeres Gespräch an, in dem ich zum einen auf die erste Woche zurückblicken, zum anderen aber vor allem mit ihm besprechen will, was er bei mir im Einkauf alles lernen wird und welche Vorteile ihm das bringt." „Ah, du meinst, ihr schaut auf die Tabelle, die du mir per Mail geschickt hattest?" „Ja, genau. Ich will mit ihm Zielvereinbarungen daraus machen, damit er weiß, welche fachlichen Inhalte er vermittelt bekommt. Mit meinen Erwartungen an ihn, dem Organigramm und der Vorstellungsrunde in der Abteilung hat er ja schon eine erste Idee davon bekommen, mit wem er im Einkauf wie umgehen wird. Ich denke, ich werde ihm auch hier noch klar machen, dass er in der Zusammenarbeit mit unterschiedlichen Leuten viel lernen und seine Sozialkompetenzen trainieren kann. Wenn er dann noch weiß, mit welchen Fragestellungen er sich an mich und mit welchen er sich an dich wenden kann, dürfte er einen ganz guten Überblick haben und müsste sich vernünftig ins Team integrieren können." „ Das klingt schlüssig für mich. Einen kleinen Tipp hab ich noch für dich: Behalt es bei, regelmäßig mit Jonas über sein Verhalten und seine Fortschritte bei der Integration ins Team zu sprechen, denn du weißt ja: Rückmeldung stärkt den Rücken und lässt Azubis sicherer werden. Hierzu könntest du in der Anfangsphase am Ende jeder Woche eine eurer vereinbarten Regeln anschauen und prüfen, ob sie eingehalten wurden. So versteht Jonas, dass diese Regeln wirklich gelten und sie dir wichtig sind. Du kannst ihm in diesem Gespräch aber auch eine Rückmeldung geben, wie du ihn im Team und im Umgang mit Kunden oder anderen Geschäftspartnern erlebst. Wenn du ihm dabei zuerst mitteilst, was du gut fandest, stärkt ihn das und macht ihm deutlich, dass er einiges kann. Wenn es Punkte gibt, die verbesserungswürdig sind, kannst du ihm aufzeigen, wie er es besser machen kann und auch erklären, warum deine vorgeschlagene Variante besser ist. Das wird ihn in seinem Tun wachsen lassen."

„Das ist ein guter Tipp, vielen Dank. Vielleicht überleg ich mir für die kommende Woche auch ein, zwei Punkte, auf die Jonas bei seiner Arbeit besonders achten kann. Dann haben wir im nächsten Gespräch etwas, von dem er mir sagen kann, wie es seiner Meinung nach gelaufen ist, was gut war und wo er Schwierigkeiten hatte. Ich habe etwas, worauf ich bei meinen Kontrollen fokussiere, um ihm dann auch eine qualifizierte Rückmeldung zu geben." „Ja, probier das mal aus. Ich bin mir sicher, solche Rückmeldungen bieten Jonas in Kombination mit deinem Auftreten immer wieder gute Beispiele, wie man sich im Berufsleben professionell benimmt und letztlich ist es ja sein Ziel, das spätestens am Ende seiner Ausbildung auch zu tun." „Gut, dann werde ich jetzt mal los zu Jonas und ihm vorbildlich Pünktlichkeit vorleben. Dir wünsch ich noch einen guten Tag und ein schönes Wochenende. Vielleicht sehen wir uns ja mal wieder hier am Milchreis-Freitag." „Oh, ganz bestimmt. Das Zeug ist einfach zu fein. Ich wünsch dir ein gutes Gespräch. Ciao."

Checkliste Sicherheit steigern und ins Team integrieren

Thema	
Arbeitsregeln	• Gespräch vereinbaren, in welchem eigene Erwartungen erläutert werden und der bzw. die Lernende die eigenen Erwartungen benennen kann, mindestens zwei Tage Vorlauf • Gespräch führen und Arbeitsregeln vereinbaren, schriftlich festhalten, unterschreiben und Kopie an Lernenden geben. Ab jetzt gelten die vereinbarten Regeln
Arbeit	• Schrittweise einführen • Schwierigkeitsgrad angemessen erhöhen • Begleiten und besprechen • Kontrollieren und Rückmeldung geben (das gleicht die Bilder von mir und meinen Azubis ab und gibt Lernenden Sicherheit)
Sicherheit	• Sicherheit am Arbeitsplatz wiederholt thematisieren, kontrollieren, erklären lassen und Rückmeldung geben (damit erhält das Thema einen wichtigen Stellenwert)
Arbeitsplatz	• Ordnung am Arbeitsplatz besprechen, kontrollieren und Rückmeldung geben
Aufzeichnungen	• Die Lernenden führen eine Lerndokumentation. Die Lerndokumentation regelmäßig kontrollieren und darauf achten, dass sie genau und präzise geführt wird von Anfang an. Bei der Ausbildungsleitung über die Anforderungen informieren.
Gespräche	• In der Anfangsphase Zeit für Gespräche nehmen. Je mehr Zeit man investiert, desto besser sind die Ergebnisse und desto einfacher hat man es nach der Einführungsphase.

Arbeitsregeln Kraft verleihen	• Gerade am Anfang peinlich genau darauf achten, dass die vereinbarten Arbeitsregeln auch eingehalten werden. Die Führungskraft sollte bei Abweichungen darauf drängen, dass Vereinbarungen eingehalten werden. „Ich möchte dich gerne ernst nehmen und ich erwarte von dir, dass ich ernst genommen werde. Dazu gehört, dass wir beide Vereinbarungen einhalten.“

2. Tim setzt sich mit dem Lehren und Lernen auseinander

Tim sitzt in seinem Büro und lässt sein Gespräch mit Jonas Revue passieren: So, das Gespräch ist doch ganz gut gelaufen. Von Jonas kam zwar nicht viel, aber immerhin ein bisschen was, so dass wir unsere Erwartungen in Zielvereinbarungen umwandeln konnten, mit denen wir jetzt beide gut leben können. Die Ziele, die es im Einkauf zu erreichen gilt, kennt er nun auch und fand die Idee mit dem Unterschreiben ganz gut. Das ist doch schon mal was. Wenn ich mich jetzt noch an Finjas Tipps halte, läuft die Ausbildungszeit gut an.

Dann sollte ich mir jetzt wohl mal Gedanken machen, wie ich Jonas zu einer Fachkraft von morgen ausbilde – tz, der Lutz … Ok, worum geht es? Ich als Fachmann für den Einkauf soll Jonas als Azubi Fertigkeiten, Fähigkeiten und theoretisches Wissen aus meinem Fachbereich vermitteln. Ist das alles? Nein, denn die Arbeit mit mir soll ja auch Einstellungen und Ansichten prägen, also entweder festigen oder vielleicht Anstoß zu einem Um- oder Neudenken geben. So weit, so gut.

Was weiß ich noch? Mh, dass man am besten lernt, wenn man sich in einer angenehmen Umgebung befindet. Wie hatten die das in dem Buch formuliert? Wenn ein angstfreies und fehlerfreundliches Lernklima in der Ausbildungspraxis herrscht. Ziemlich hochgestochen. Mein Azubi soll sich also wohlfühlen und ein gutes Gefühl beim Lernen haben. Er soll wissen, dass es nicht schlimm ist, auch mal einen Fehler zu machen, dass das zum Lernen dazugehört. Und er soll sich aktiv einbringen können, gefordert und gefördert werden, um immer mehr Freude an seinen Tätigkeiten zu gewinnen. Je öfter er dann bestimmte Tätigkeiten ausführt oder seine Kompetenzen einsetzt, desto besser wird er darin. Es wird also darum gehen, ihn Dinge, die er gelernt hat, im Konkreten anwenden zu lassen und das am besten möglichst oft. Wenn ich es dabei noch schaffe, solche Aufgaben zu stellen, die sowohl die sozialen als auch die handlungsorientierten Kompetenzen schulen, dann ist das Champions League. Ole, ole, Champions League. Du schweifst ab, Tim. Ja, vielleicht ein bisschen …

Also zurück zu den Grundüberlegungen: Wie lernt man? Moment, hatte ich da nicht neulich noch einen Zeitschriftenartikel irgendwo auf meinem Schreibtisch geparkt? Der muss hier doch irgendwo sein, das weiß ich ganz genau. Komm schon.

Mann. Ah, hier. Ich hab's doch gewusst: Lernen als individueller Prozess: Genau so individuell wie jeder Mensch ist, so individuell ist auch sein Lernverhalten … ja, ok … deshalb gibt es auch nicht die eine, beste Lernmethode … ja, auch irgendwie klar … man lernt über die Wahrnehmung.

Um unterschiedliche Herangehensweisen an das Thema Lernen zu verdeutlichen, gibt es die Einteilung in verschiedene Lerntypen. Man kann vier unterscheiden, wobei sich nur wenige Menschen genau einem Typen zuordnen lassen, meist Präferenzen in mehreren Bereichen … ok … und welche sind das jetzt? Ah, hier kommt das: Auditiver Lerntyp lernt über das Gehör, also über aufmerksames und konzentriertes Zuhören, visueller Typ sollte den Lernstoff bildlich veranschaulicht haben in Skizzen, Mindmaps, Grafiken oder Bildern und erschließt sich viel über das Lesen. Der motorische Lerntyp will selbst aktiv werden, weil er am besten lernt, wenn er Prozesse selbst durchführen kann. Ok hier sind eigene Projekte, Experimente und Erfahrungen besonders wichtig und die großen Zusammenhänge, interessant. Bleibt noch der kommunikative, der am besten im Gespräch lernt, in Gruppen, in Diskussionen, wenn er Sachverhalte in eigenen Worten wiedergibt, die er davor schon einmal in ihren Grundzügen durchdacht und hinterfragt hat. Und was sagt mir das jetzt? Mh. Wenn ich wüsste, was der Jonas für ein Lerntyp ist, wenn er überhaupt nur ein Lerntyp ist, dann ließe sich vielleicht bei den Aufgabenstellungen oder den Methoden etwas darauf eingehen. Ich werd' s mal im Hinterkopf behalten und ihn fragen. Da lässt sich bestimmt was machen. Was mach ich denn jetzt, um ihm die Fertigkeiten, Fähigkeiten und das Wissen zu vermitteln? - Nicht verzagen, Handreichung fragen. Mal sehen, was die so hergibt…

Wie Sie Ihren Auszubildenden mit neuen Themen vertraut machen, dafür gibt es eine Reihe von Methoden, von denen im Folgenden drei vorgestellt werden: die Vier-Stufen-Methode, das Lehrgespräch und der Lernauftrag.

Ah, von der Vier-Stufen-Methode hab ich schon gehört. Das ist doch die Sache, die bei den IHK-Prüfungen ständig Thema ist und die nach dem Schema vorbereiten-vorführen-nachmachen-üben verläuft. Damit sollen sich Azubis neue Fertigkeiten aneignen können. Werd ich auf jeden Fall mal ausprobieren. Und was kann dieses Lehrgespräch? Das kenn ich noch nicht.

Das Lehrgespräch ist gut geeignet, um ein neues Thema einzuführen. Dabei werden Vorkenntnisse der Auszubildenden geklärt, und gleichzeitig werden sie angeregt, sich mit neuen Fragestellungen auseinanderzusetzen und selbst Interesse am Thema zu entwickeln.

Hört sich ja auch nicht so verkehrt an. Wie muss ich da vorgehen? Ein Dreischritt also: Ich frage meinen Azubi was oder setze einen Impuls, auf den er reagiert, und dann reagiere ich wieder auf seine Antwort mit Lob, Korrektur oder Ergänzung und das ganze Spiel geht wieder von vorne los. Das heißt, ich stelle ihm Fragen, deren Antworten ich schon kenne. Mh, das könnte ein bisschen mühsam und zu nem Verhör werden, wenn ich doofe Fragen stelle oder Jonas die nur kurz beantwortet, aber nicht selbst auch mal was fragt oder sich sonst irgendwie in das Gespräch einbringt. Da sollte ich drauf achten. Ich brauche also einen Plan bzw. ein Ziel, auf das das Gespräch zusteuert, und Jonas sollte so viel zu dem Thema wissen, dass ein vernünftiges Gespräch zustande kommen kann, aber nicht zu viel, so dass er im Laufe des Gesprächs im Optimalfall noch mehr zum Thema erfahren will, was die ganze Geschichte dann wieder etwas offener gestaltet. Offen und flexibel ist gut, das mag ich, aber einen groben Zeitplan sollte ich wohl trotzdem haben, wie lange das Gespräch dauern soll, damit es nicht ausufert. Dann muss ich nur noch gute Fragen stellen, die ihm Raum lassen und keinen Verhör- oder Prüfungscharakter haben und trotzdem in Richtung Lernziel gehen. Fragen, die er ausführlich beantworten kann und die es mir dann möglich machen, auch auf seine Antworten zu reagieren. Ok, cool. Dann bleibt jetzt also noch der Lernauftrag, der die Selbstständigkeit und Kreativität fördern soll.

Das Lehrgespräch ist gut geeignet, um ein neues Thema einzuführen. Dabei werden Vorkenntnisse der Auszubildenden geklärt und gleichzeitig werden sie angeregt, sich mit neuen Fragestellungen auseinanderzusetzen und selbst Interesse am Thema zu entwickeln. Hört sich für mich ziemlich gut an.

Kennzeichnend für den Lernauftrag ist, dass es sich dabei um ein relativ komplexes Vorhaben handelt, das sich an einem Arbeits- oder Kundenauftrag orientiert: beginnend mit der Beschaffung notwendiger Informationen und der Planung des Vorgehens über die Durchführung bis zur Kontrolle und Bewertung des Arbeitsergebnisses. Dabei bezeichnet man dieses Vorgehen auch als ‚vollständige Handlung'.

Ja, das ergibt Sinn für mich, wenn ich da alle notwendigen Schritte von Anfang bis Ende gehe. Und welche sind das? Informieren, sich also mit der Aufgabenstellung vertraut machen, klären, was man zu tun hat, Planen, also den Ablauf organisieren, schauen, wie viel Zeit und welches Material man braucht. Entscheiden, was so viel meint, wie die erarbeitete Planung mit der Fachkraft zu besprechen und die endgültige weitere Vorgehensweise dann beschließen. Durchführen ist selbsterklärend, unter Beobachtung bzw. mit Hilfestellung von der Fachkraft. Kontrollieren heißt, die Azubis kontrollieren ihr Arbeitsergebnis anhand eines Kontrollbogens und schließlich Auswerten, das Arbeitsergebnis und die Arbeitsweise werden mit der ausbildenden Fachkraft besprochen.

Solch eine Aufgabe ist natürlich super, um Jonas mal an einen realen Arbeitsauftrag zu lassen, damit er die Bedingungen im normalen Arbeitsalltag mitbekommt und sich so richtig ins Team einbringen kann. Das hat dann nicht nur einen wertvollen Lerneffekt, sondern nimmt mir im Optimalfall auch noch Arbeit ab. An dieser vollständigen Handlung sollte ich unbedingt dran bleiben, aber jetzt nicht mehr. Der Grill ruft und ich muss noch Bauchspeck besorgen … Willkommen im Feierabend ...

Der Lernauftrag

Der Lernauftrag soll die Selbstständigkeit und das verantwortungsvolle Handeln der Auszubildenden fördern. Dabei orientiert sich der Auftrag an einem realen Arbeits- oder Kundenauftrag: von der Beschaffung notwendiger Informationen und der Planung über die Durchführung bis zur Kontrolle und Bewertung. Das Vorgehen wird daher auch "vollständige Handlung" genannt.

Zur vollständigen Handlung gehören die folgenden Schritte:

Informieren: Mein*e Azubi macht sich mit der Aufgabenstellung vertraut, informiert sich, was zu tun ist.
Planen: Mein*e Azubi plant den Ablauf, die Materialbestimmung, den Zeitbedarf zur Erledigung der Aufgabe.
Entscheiden: Die erarbeitete Planung wird mit mir besprochen, und es wird die Entscheidung über die endgültige weitere Vorgehensweise getroffen.
Durchführen: Mein*e Azubi führt die Aufgabenstellung planmäßig durch. Meine Aufgabe besteht darin, die Arbeitsweise der Auszubildenden zu beobachten, Hilfestellung zu geben und auf die Einhaltung der Sicherheitsbestimmungen zu achten.
Kontrollieren: Das Arbeitsergebnis wird von den Azubis selbst kontrolliert, ggf. anhand eines Kontrollbogens.
Auswerten: Das Arbeitsergebnis und auch die Arbeitsweise werden von uns beiden gemeinsam besprochen.

Um den Lernauftrag umsetzen zu können, brauchen Azubis notwendiges Vorwissen und bestimmte Grundfertigkeiten, die es erlauben, selbstständig zu arbeiten. Azubis müssen in der Lage sein, die Aufgabe innerhalb einer vorgesehenen Zeit und in der betrieblichen Qualität zu erledigen. Der Auftrag sollte zu den Ausbildungszielen in meiner Abteilung passen.

Wie gehe ich beim Lernauftrag vor?

Ich formuliere den Lernauftrag schriftlich so, wie er real als Arbeitsauftrag formuliert werden würde.
Ich verweise auf weiterführende Informationen, die sich meine Azubis möglichst selbst beschaffen sollen, und gebe ihnen weitere Hilfen wie Leitfragen, Planungshilfen oder Kontrollbögen an die Hand.
Ich stelle sicher, dass die Auszubildenden Zugang zu den erforderlichen Maschinen und Rohstoffen erhalten.
Ich übergebe den Lernauftrag und die Infos und erläutere das Vorgehen bei der Bearbeitung eines Lernauftrags.
Dann begleite ich meine Azubis bei der Bearbeitung des Lernauftrags, zunächst im Hintergrund als Ansprechperson bei Fragen, dann als Diskussionspartner in der Entscheidungsphase, der auf Unklarheiten und Mängel hinweist, und schließlich als Gesprächspartner bei der gemeinsamen Auswertung.

3. Jonas lernt, Daten in ein System einzupflegen

Wie spät ist es? Kurz vor halb, ok, das heißt, Jonas kommt jeden Moment. Hab ich denn soweit alles vorbereitet? Mal sehen: Computer ist an, Lieferantenbewerbungen sind ausgedruckt, Papier und Kuli für Notizen liegen hier, Tabelle mit der Übersicht aller Lerninhalte im Einkauf ist auch da, noch mal ein kurzer Blick auf den Eintrag zum Vier-Stufen-Modell in meinem Ausbildungsbeauftragten-Memo-Buch und dann kann es losgehen … Gut, damit sollte die Vorbereitung abgeschlossen sein … Ah, da kommt er ja schon …

„Guten Morgen, Jonas. Bereit, heute noch tiefer in die Welt des Einkaufs einzutauchen?“ „Guten Morgen, Tim. Ich denke schon.“ „Das hört sich sehr gut an. Wir nehmen gleich den Punkt 3.2 unserer Lernzieltabelle genauer in den Blick. Das bedeutet, dass du unter der Rubrik Informations- und Kommunikationssysteme heute ein Programm kennenlernen wirst, das wir hier im Einkauf nutzen. Unser Tagesziel ist es, dass du das Programm im Sinne von d) Betriebssystem, Standardsoftware und betriebsspezifische Software anwenden und zudem im Sinne von e) Daten und Informationen eingeben, mit betriebsüblichen Verfahren sichern und pflegen kannst. Das klingt jetzt noch ein bisschen trocken. Das wird sich aber gleich ändern, wenn ich dir erkläre, wozu wir das alles machen und wie es konkret geht.“ „Ok, weniger theoretisch ist immer gut.“ „Also, wozu das alles? Du bist ja nun schon einige Tage in meiner Abteilung. Was würdest du sagen, ist unsere Aufgabe hier im Einkauf?“ „Einkaufen?!“ „Ja, das trifft es, ich würde es vielleicht noch etwas weiter fassen: Wir im Einkauf kümmern uns jeden Tag aktiv darum, dass die Hartung AG mit all den Gütern versorgt wird, die sie braucht, um ihre Produktionsprozesse durchführen zu können und so dann schließlich auch ihrer Handelsfunktion nachzukommen. Soll heißen, wir beschaffen all die Rohstoffe und Materialien, die die Hartung AG nicht selbst herstellen kann, die sie aber braucht, um ihre Ware produzieren zu können.“ „Das klingt ziemlich wichtig.“ „Das ist ziemlich wichtig, denn ohne Einkauf gibt es keine Produktion und ohne Produktion keinen Handel, also kein Geld. Die Hartung AG könnte dicht machen.“ „Oh, ok. Dann ist es wirklich wichtig, einzukaufen.“

„Ja, das ist es. Es ist aber nicht nur wichtig, dass wir einkaufen, sondern auch, wie. Wenn du dir neue Klamotten kaufst, worauf achtest du?“ „Mh, die Sachen sollten cool aussehen, bequem, vielleicht sogar von ner Marke sein und wenn es geht, natürlich nicht so teuer.“ „Du schaust also auf den Preis und auf den Namen, der für eine gewisse Qualität steht. Wenn das in der Kombination ein attraktives Angebot für dich ergibt, dann kaufst du deine Kleider. Bei der Hartung AG ist das ganz ähnlich: Wir im Einkauf suchen uns Lieferanten, die uns eine qualitativ hochwertige Ware zu einem guten Preis anbieten und es uns so ermöglichen, selbst wieder Produkte herzustellen, die wir dann zu einem für die Kunden attraktiven Preis an sie verkaufen können. Mit diesen Lieferanten arbeiten wir dann zusammen. Da wir eine große Firma sind, brauchen wir eine ganze Menge Dinge und haben deshalb viele verschiedene Lieferanten. Über die gilt es, den Überblick zu behalten und zwar nicht nur darüber, wer sie sind, sondern auch, für welche aktuellen Angebote sie stehen. Deshalb geben wir alle Daten der Lieferanten in ein System ein und schauen, dass sie auf einem aktuellen Stand bleiben, denn das hat ja Auswirkungen auf unsere Käufe und letztlich auf die ganze Firma. Hast du dazu Fragen?“ „Ich glaube nicht. Wenn ich es richtig verstanden habe, ist es wichtig für euch, einen aktuellen Überblick über Lieferanten und ihre Angebote zu haben, um möglichst zu jeder Zeit Waren mit guter Qualität zu einem verhältnismäßig günstigen Preis für die Hartung AG einzukaufen, die die dann weiterverarbeitet und verkauft – und das mit Gewinn, so dass die Hartung AG erfolgreich weiterproduzieren kann.“

„Ja, genau. Sehr gut zusammengefasst. Ich zeige dir jetzt, wie wir die Stammdaten unserer Lieferanten oder eben auch potenzieller Lieferanten in unser System einpflegen. Dazu habe ich dir einige Lieferantenbewerbungen ausgedruckt und mitgebracht. Deine Aufgabe wird es sein, die Stammdaten dieser potenziellen Lieferanten in unser System einzugeben. Ich zeig dir zunächst einmal, wie das geht: Du startest das Programm, indem du hier drauf klickst. Dann gibst du deinen Namen und das Kennwort ein und bestätigst. Als nächstes klickst du auf ‚Stammdaten erfassen‘ und erhältst eine Eingabemaske, auf der du die Daten der Lieferantenbewerbungen in der Reihenfolge der Eingabefelder eingibst. Wenn alle Daten erfasst sind, drückst du auf ‚Aktualisieren‘ und schon ist der Fall erledigt. So, noch einmal langsam: Ich starte das Programm, melde mich mit meinem Namen und Kennwort an und klicke, nachdem die Anmeldung funktioniert hat, auf ‚Stammdaten erfassen‘.

Jetzt gehe ich die einzelnen Eingabefelder des maskengeführten Programms Schritt für Schritt durch und fülle sie mit den Daten von den Lieferantenbewerbungen ein und bestätige mit Enter, so dass der Cursor weiterspringt ins nächste Feld: Also es geht los mit Firmenname, dann kommt Straße, Hausnummer, Postleitzahl, Ort, Firma registriert in (Land), USt-IdNr., eigene Homepage, Ansprechpartner, E-Mail-Adresse, Ansprechpartner Position/Funktion, Telefon, Mobiltelefon … Sollte eine Fehlermeldung kommen, prüfe ich, ob die Eingaben in den rot gekennzeichneten Eingabefeldern nicht stimmen, weil ich mich irgendwie vertippt habe. Ist das der Fall, korrigiere ich meine Eingabe, siehst du wie hier, da hab ich einen Buchstabendreher drin, so, korrigiert und Enter-Taste. Jetzt, da alle Felder ausgefüllt sind, drücke ich auf ‚Aktualisieren' und bin fertig. So, jetzt bist du einmal dran. Hier hast du einen Zettel mit Daten und ich überlasse dir den Platz am PC." „ Ok, dann versuch ich das mal."

„Alle Daten eingegeben? Gut, genau noch auf ‚Aktualisieren' drücken. Prima, jetzt ist alles erfasst. Du hast alles komplett und richtig eingegeben. Sehr schön. Dann kommt jetzt der nächste Lieferant." „Ist gut. Dann kümmere ich mich jetzt um den. Also, angemeldet bin ich ja schon, dann kann ich gleich auf ‚Stammdaten erfassen' klicken. Und jetzt geh ich schrittweise die Felder durch: Firmenname, dann kommt Straße, Hausnummer, Postleitzahl, Ort, Firma registriert in (Land), USt-IdNr., eigene Homepage, Ansprechpartner, E-Mail-Adresse, Ansprechpartner Position/Funktion, Telefon, Mobiltelefon … Ups, da ist was rot, mh, vertippt. So, jetzt, hab ich das verbessert. Nochmal drübergucken, jetzt stimmt alles, alle Daten sind drin, dann drücke ich auf ‚Aktualisieren' und schon bin ich fertig." „Sehr gut, Jonas. Das funktioniert ja schon richtig gut. Ich schlage vor, dass du die Daten der übrigen Lieferantenbewerber hier jetzt noch alleine in das System eingibst. Wenn du Fragen hast, meld' dich gerne bei mir. Ansonsten gib mir einfach Bescheid, wenn du fertig bist mit deiner Aufgabe." „Mach ich." …

„So, ich bin fertig. Alle Daten sind aktualisiert." „Das sieht alles sauber gearbeitet aus. Hervorragend. Wie ist es dir mit der Aufgabe gegangen?" „Gut, das Programm ist übersichtlich und gut zum Arbeiten und die Daten waren ja alle da, also hatte ich keine Probleme, außer dass ich manchmal Buchstabendreher drin hatte, aber die lassen sich ja wieder ändern." „Das stimmt. Toll, dass dir die Arbeit so leicht fällt, du hast jetzt ein Programm aus dem Einkauf kennengelernt und weißt, wie man es anwendet bzw. wie wir Daten und Informationen eingeben, sichern und pflegen können – super. Dann setzen wir doch mal ein Datum und unsere Unterschriften in unsere Tabelle.“ „Ja, sehr gerne.“

Die Vier-Stufen-Methode

Die Vier-Stufen-Methode eignet sich besonders gut für alles, was man vormachen und nachmachen lassen kann. Sie heißt so, weil sie aus vier Stufen besteht:

1. Vorbereiten, 2. Vormachen, 3. Nachmachen, 4. Üben

1. Vorbereiten:
Ich bereite die Instruktion vor und besorge alles Notwendige, um meinen Azubis das beibringen zu können, was ich ihnen beibringen möchte. Ich versetze mich in ihre Lage und überlege, wo Hürden liegen könnten und welche Knackpunkte es bei der Tätigkeit, die die Auszubildenden lernen sollen, gibt. Die Azubis bereite ich vor auf das, was jetzt kommt, und vermittle ihnen den Sinn des neuen Lerninhalts. Beispiel: Heute zeige ich, wie man das und das macht. Das benötigen wir für dies und jenes. Auch in der Prüfung ist das ein wichtiger Bestandteil...

2. Vorführen
Ich führe den Auszubildenden die Tätigkeit zügig so vor, wie sie richtig geht. Die ganze Tätigkeit am Stück ohne Kommentare vorzumachen, hilft den Azubis, den Gesamtablauf zu verstehen. Dann mache ich sie noch einmal vor und erkläre Schritt für Schritt, was ich tue, wo die Knackpunkte sind und wie man sie meistert.

3. Nachmachen:
Jetzt sind die Auszubildenden an der Reihe. Unter meiner Aufsicht führen sie die Tätigkeit durch. Dann ein zweites Mal, dabei erklären sie mir, worauf es ankommt, wo die Knackpunkte sind und wie sie gemeistert werden können. Ich höre zu, beobachte und gebe Rückmeldung. Wenn die Azubis alles richtig machen, kommt der nächste Punkt.

4. Üben:
Zum Vertiefen sollen die Azubis das Erlernte noch mehrmals einüben, damit sie sicher werden. Genauigkeit kommt vor Geschwindigkeit. Ich beobachte und vergewissere mich, dass sie wissen, was sie tun und worauf es ankommt, ziehe mich immer mehr zurück und lasse sie selbstständig üben, damit sie an Sicherheit, Routine und Arbeitstempo gewinnen. Wenn sie Fragen haben, stehe ich ihnen jederzeit zur Verfügung. Zum Abschluss betrachten wir das Ergebnis noch einmal gemeinsam, schauen, was gelernt wurde, was gut lief und wo noch Verbesserungspotential besteht.

4. Tim lernt, Führungsfehler zu vermeiden

Tim ist gerade auf dem Rückweg von einem kurzen Abstecher in die Teeküche, als er auf dem Gang Lutz trifft. „Na, wenn das mal nicht der Ausbilder unserer Fachkräfte von morgen im Einkauf ist, hallo Tim." „Welch Glanz in unserer Hütte, der Lutz. Was hat dich denn in den Einkauf verschlagen?" „Ach, ich hab gleich ein Gespräch mit der Leitung hier, dauert noch ein paar Minuten, da dachte ich mir, ich schau mal, was unsere fleißigen Einkäufer und Einkäuferinnen so machen." „Schön. Kann ich dir einen Kaffee anbieten, bis eure Besprechung los geht?" „Wer könnte solch ein Angebot abschlagen, wo die edlen Tropfen in solch formschönen ‚Einkauf rockt'-Tassen dargereicht werden? Sehr gerne, Tim. Ist dein Azubi hier auch gerade irgendwo unterwegs?" „Nein, der ist heute in der Berufsschule." „Ach so. Wie läuft es denn mit ihm und vor allem mit deiner neuen Führungsaufgabe?" „Bislang ganz gut, denke ich. Ich habe ja noch nicht so viele Vergleichswerte. Ich hab aber noch eine ganze Weile über unser Gespräch und meine neue Rolle nachgedacht und bemühe mich jetzt, das, was du mir mitgegeben hast, umzusetzen und kooperativ zu führen." „Das ist auf jeden Fall ein vielversprechender Anfang. Es ist wichtig, dass du dir deiner Führungsrolle bewusst bist und deinen Azubi gezielt führst. Passiert das nämlich nicht, fehlt ihm eine wichtige Orientierungsgröße, an der er sich ausrichten kann, und es wird sehr viel schwieriger für ihn, bewusst Lernfortschritte zu machen. Ein Azubi wie Jonas braucht einen Ansprechpartner, der ihm all die Informationen gibt, die er benötigt, um gute Ergebnisse zu erzielen, denn nur so bleibt er motiviert bei der Sache. Zu viele Informationen von zu vielen Leuten und unklare Kompetenzen verwirren und verunsichern. Man sollte sie genauso vermeiden wie mangelhafte oder ganz fehlende Informationen. Auch die machen es für den Azubi nämlich unmöglich, wirklich gute Ergebnisse zu erzielen."

„Ja, das hab ich mir neulich auch schon überlegt, deshalb hab ich mit den Leuten aus dem Einkauf abgesprochen, dass nur ich Jonas Aufträge gebe und sonst niemand. Schließlich bin ich sein Ausbildungsbeauftragter. Die Fälle, in denen ich nicht der zuständige Ansprechpartner bin, hab ich mit Finja besprochen und sie auch Jonas mitgeteilt. Was gute Informationen für ein vernünftiges Arbeiten angeht, haben Jonas und ich uns über unsere Erwartungen ausgetauscht und ich bemühe mich um möglichst klare und umfassende Informationen, damit wir beide Erfolgserlebnisse aus unserer Zusammenarbeit ziehen. Ich weiß ja, dass als Azubi erst einmal vieles ganz neu ist. Da kann ich nicht selbstverständlich davon ausgehen kann, dass Jonas alles gleich kann oder versteht." „Sehr richtig. Viele Führungskräfte vergessen das leider im Umgang mit ihren Auszubildenden. Es fehlt ihnen schlicht an Einfühlungsvermögen, sie können sich nicht in die Lage ihrer Auszubildenden versetzen, was zur Folge hat, dass sie nicht wissen, wo ihre Azubis stehen, wie sie sie abholen und am besten zum Ziel führen können. Wie unausgesprochene Erwartungen kann das für Auszubildende sehr frustrierend und demotivierend sein. Beides sind klassische Führungsfehler."

„Gibt es davon noch mehr? Wäre gut, ich würde sie kennen, damit ich nicht in irgendwelche Fallen tappe und Jonas darunter leidet …" „Ich glaube, du bist schon recht sensibel für kritische Situationen und bringst viel für einen guten und wertschätzenden Umgang mit deinem Azubi mit. Wenn ich dir jetzt also noch zusätzliche Ratschläge geben soll, die aus der Erfahrung klassischer Führungsfehler gewachsen sind, dann sind das die: Nimm nicht alles als selbstverständlich. Würdige besondere Leistungen und die Einsatzfreude, die dein Azubi zeigt, denn tust du das nicht, nehmen sie ab. Ein ausgesprochenes Lob, das Gefühl, gesehen und gewürdigt zu werden, hält sie lebendig. Nimm dir generell Zeit für Jonas, denn du bist seine wichtigste Ansprechperson im Einkauf, an die er sich mit allen fachlichen und persönlichen Fragen wendet. Als einfühlsamer Mensch kannst du dir vorstellen, wie er reagiert oder was er denkt, wenn er mit einer Sorge oder Problemen zu dir kommt und du keine Zeit für ihn hast." „Ja, das ist kein tolles Gefühl und trägt sicherlich nicht zu einem vertrauens- und respektvollen Verhältnis zwischen uns beiden bei." „Ganz genau. Mein letzter Ratschlag hat mit einer der Führungsaufgaben zu tun, über die wir das letzte Mal gesprochen hatten: kontrollieren. Wenn du mit Jonas besprochen hast, wie er sich verhalten soll, was er zu tun hat und was nicht, musst du das kontrollieren und eingreifen, wenn er sich nicht an das hält, was ihr miteinander abgemacht habt. Je früher du dabei eingreifst, desto sanfter kannst du es tun. Ein zu spätes Eingreifen sorgt bei beiden Beteiligten für Stress und im dümmsten Fall für richtig doofe Situationen, in denen die Firma Schaden davonträgt." „Das kann keiner wollen. Jetzt, wo du das sagst, versteh ich auch noch einmal besser, weshalb Finja mir neulich zu Gesprächen mit Jonas geraten hat, in denen wir die von uns aufgestellten Regeln und deren Befolgung anschauen sollen oder ich ihm Rückmeldung zu seiner Arbeit in der Abteilung und zu seinem Verhalten im Umgang mit anderen geben soll. Sie machen es leicht, sanft einzugreifen." „Ja, das ist so. Das war ein guter Tipp von Finja. Hat sie den auch aus dem Buch, das ich ihr geschenkt hatte? Bestimmt, es ist wirklich lesenswert." „Dann sollte ich es mir wohl auch noch organisieren. Auf jeden Fall bin ich nach unserem Gespräch jetzt schon wieder ein Stück klüger. Wozu so ein Kaffee doch gut ist." „Ja, so ein Kaffee bewirkt einiges. Ich weiß jetzt, dass du dich wacker mit deiner Führungsaufgabe schlägst und dass der Einkauf rockt – nicht schlecht. Mal sehen, ob das Gespräch mit der Leitung auch so gewinnbringend ist. Mach's gut, Tim." „Du auch, Lutz, und danke."

Diese Führungsfehler gilt es zu vermeiden:

- Zuständigkeit nicht geregelt
- Keine Führung
- Mangelnde Information
- Erwartungen nicht besprochen
- Fehlendes Einfühlungsvermögen
- Alles als selbstverständlich ansehen
- Keine Zeit
- Zu spätes Eingreifen

5. Tim anerkennt Jonas' gute Leistung

„Guten Morgen, Jonas, na, wie geht's dir?" „Guten Morgen, Tim, ganz gut, danke." „Das ist schön. Jonas, ich hab dich zu mir gebeten, weil ich dir gerne noch einmal Danke sagen möchte. Du bist in den letzten Tagen stundenlang am PC gesessen, hast recherchiert, telefoniert und eine große Menge an Daten zusammengesammelt, die du klug und mit viel Einsatz so aufbereitet hast, dass sie eine Entscheidungsfindung bei unserer anstehenden Lieferantenfrage sehr viel leichter machen. Deine schnelle Auffassungsgabe, in bei der Entscheidungsfindung wirklich wichtig ist, dein sicheres Vorgehen bei der Informationsbeschaffung und deine Ausdauer haben dazu beigetragen, dass wir nun dank solider Informationen eine gute Entscheidung treffen können. Für unsere Abteilung bedeutet das, qualitativ hochwertige Rohstoffe nun zu besseren Konditionen beziehen zu können. Das wirkt sich positiv auf die Preise für unsere Kunden aus und wird sicherlich zu einer noch größeren Kundenzufriedenheit führen. Und du weißt, wie wichtig zufriedene Kunden für die Sicherheit von Arbeitsplätzen sind." „Ja, das weiß ich. Aber mir war nicht klar, dass auch ich Einfluss darauf habe. Es hat mir Spaß gemacht, all die Daten zu sammeln und mit verschiedenen Leuten dazu zu sprechen. Jetzt, wo ich weiß, dass das alles auch noch positive Folgen hat, finde ich es fast noch toller und bin ehrlich gesagt auch ein bisschen stolz." „Das kannst du auch sein. Ich bin es jedenfalls und freue mich, so einen engagierten Azubi im Team zu haben. Wenn es irgendetwas gibt, womit ich dich bei deiner Arbeit hier im Einkauf noch besser unterstützen kann, dann lass mich das gerne wissen. Ansonsten freue ich mich, dir die verschiedenen Tätigkeiten und Fertigkeiten von Einkäufern weiterhin näherzubringen." „Cool, danke. Wenn mir was einfällt, sag ich dir Bescheid." „Wunderbar. Also Jonas, dann nochmals vielen Dank. Ich bin jetzt gleich noch in einer Besprechung und würde danach bei dir vorbeikommen. Eine Aufgabe, an der du arbeiten kannst, hast du ja." „Ja, die hab ich. Ist gut. Dann dir mal noch ne gute Besprechung und bis später." „Danke. Bis später, Jonas."

Was mir zum Anerkennungsgespräch klar sein muss:

Mit einem Anerkennungsgespräch zur richtigen Zeit aktiviere ich das gesamte Motivationspotenzial meiner Azubis. Sie werden ihre gute Leistung halten und weiterhin mit Freude ihr Bestes geben. Darum sollte ich nicht mit verdienter Anerkennung geizen.

Vorbereiten: Termin vereinbaren, ungestörter Ort, Vier-Augen-Gespräch

Mein roter Faden für Anerkennungsgespräche:

Schritte	Beispiel
Schritt 1: Begrüßung, Grund des Gesprächs nochmal nennen	
Schritt 2: Sagen, wofür die Anerkennung ausgesprochen wird	
Schritt 3: Positive Eigenschaft der Azubis nennen, die dazu beigetragen hat	
Schritt 4: Nutzen für die Abteilung/das Unternehmen aufzeigen	
Schritt 5: Sagen, dass ich froh bin, sie oder ihn als Azubi zu haben	
Schritt 6: Danke und verabschieden	

6. Finja erklärt, wie man motiviert und bewusst kommuniziert

„Hallo Tim, komm doch rein." „Hallo Finja, danke, mach ich. Na, wie geht's dir?" „Gut, danke. Dir auch?" „Jaja, alles chic." „Schön. Ja, wieder ein erster Montag im Monat. Was macht deine Arbeit mit Jonas?" „Die ist gut ins Laufen gekommen. Jonas bewegt sich nach den intensiven Anfangstagen inzwischen schon recht souverän im Einkauf. Er hat sich mit den Leuten und mit den Regeln vertraut gemacht, hört aufmerksam zu, wenn ich ihm etwas erkläre, und kann seine Aufgaben so zügig und zufriedenstellend lösen, eigentlich mehr als das: Wir konnten schon ein paar Punkte unserer Zieltabelle für alle erlernten Fähig- und Fertigkeiten im Einkauf als erfolgreich erledigt unterschreiben und Jonas hat sich in den letzten Tagen richtig toll bei einer Lieferantenfrage eingebracht." „Wow, das klingt super." „Ja, das ist es auch und weil das nicht selbstverständlich ist, habe ich ihm auch in einem Gespräch gesagt, dass ich seinen Einsatz sehr schätze." „Und wie hat das auf ihn gewirkt?" „Wie es auf ihn gewirkt hat? Naja, er war stolz, hat sich gefreut und ist jetzt wohl noch motivierter bei der Arbeit." „Das Gespräch war also motivierend." „Ja, ich denke schon." „Und was denkst du, warum es das war?" „Nun ja, wahrscheinlich, weil ich die Leistung von Jonas für den Einkauf anerkannt, ihm also eine positive Rückmeldung zu dem, was er gemacht hat, gegeben habe und seine Person gewürdigt." „Ja, ganz genau. Du hast mit deinem Gespräch in Sachen Motivation alles richtig gemacht: Du hast Jonas mit deiner Rückmeldung zum einen die Sicherheit gegeben, dass er das, was er gemacht hat, richtig und gut gemacht hat. Zum anderen hast du ihn, seine Zugehörigkeit zum Einkauf spüren lassen. Er kann sich als Teil eures Teams wahrnehmen, für das er etwas Tolles geleistet hat, er ist integriert. Das motiviert. Und mehr noch: Durch dein Lob fühlt er sich ernstgenommen, weiß, dass du ihm etwas zutraust und dass du das auch tun kannst, weil er seinen Freiraum beim Arbeiten für das Vorankommen des Teams nutzt."

„Wow, dann war das ja enorm motivierend, alles richtig gemacht. Aber könntest du mir diese ganze Motivationssache trotzdem nochmal von Grund auf erklären?" „Na klar kann ich das machen, wenn es dich interessiert. Also, Motivation ist wie eine Triebfeder in uns, die uns dazu antreibt, etwas zu tun, die uns quasi, wie das Wort es sagt, in Bewegung versetzt und hält. Motivation kommt also aus dem Inneren und kann nicht von außen aufgepfropft werden. Ob wir motiviert sind oder nicht, hängt davon ab, inwiefern wir bestimmte Bedürfnisse befriedigen können." „Welche Bedürfnisse sind das?" „Nach dem amerikanischen Psychologen Abraham Maslow gibt es folgende Bedürfniskategorien, die er in der sogenannten Bedürfnispyramide zusammengestellt hat: Grundbedürfnisse wie Hunger, Durst, Wärme oder Schlaf, Sicherheitsbedürfnisse wie Schutz, Vorsorge oder Angstfreiheit, soziale Bedürfnisse wie Kontakt, Zugehörigkeit oder Liebe, Ich-Bedürfnisse wie Anerkennung, Status oder Achtung und schließlich das Bedürfnis nach Selbstverwirklichung. Wenn du nun als Ausbildungsbeauftragter willst, dass dein Azubi Jonas gerne bereit ist, seine Arbeit gut und richtig zu erledigen, solltest du dafür sorgen, dass er seine Bedürfnisse am Arbeitsplatz befriedigen kann. Das gelingt dir umso besser, je bewusster dir die einzelnen Bedürfnisse sind."

„Verstehe. Du meinst also, sobald mir die Bedürfnisse bewusst sind, kann ich erkennen, was meine Azubis grundsätzlich, aber auch im Speziellen brauchen, und so an gewissen Bedürfnisstellschrauben drehen." „Ja, so ungefähr. In dem Moment, in dem du um die Bedürfnisse weißt, kannst du deine Führungstätigkeiten mit ihnen abgleichen und dich bewusst daraufhin ausrichten. Das heißt nicht, dass es dir immer gelingen wird, alle Bedürfnisse zu jeder Zeit zu befriedigen und so immer hochmotivierte Azubis zu haben, aber die Chancen, dass sie es sind und sie ihre Motivation halten können, sind auf jeden Fall sehr viel besser, wenn du ihre Bedürfnisse, so gut es eben geht, berücksichtigst. Sollte sich dann einmal Demotivation breit machen, kann sie ihre Ursachen außerhalb der Arbeit haben oder sie lässt sich meist mit einem unbefriedigten Bedürfnis erklären. Denn was passiert, wenn du an allem herummeckerst, was Jonas macht?" „Mh, unsere Beziehung wird wohl immer schlechter und wahrscheinlich verliert er die Lust, dann überhaupt noch etwas zu tun." „Ja und warum?" „Weil sein Sicherheitsbedürfnis nicht befriedigt wird, wenn er machen kann, was er will, und ich sowieso immer meckere. Er weiß dann nämlich gar nicht, wie er sich überhaupt verhalten soll. Und auch sein Ich-Bedürfnis findet keine Beachtung." „Genau. Früher oder später wird solch ein unbefriedigtes Bedürfnis zu einem Konflikt führen, der, wenn er eskaliert, in den Abbruch der Ausbildung münden kann. Was passiert, wenn du deinen Azubi nie zu Veranstaltungen des Einkaufs mitnimmst und ihn ständig ausgrenzt?"

„Er ist demotiviert, weil sein soziales Bedürfnis keine Befriedigung bei der Arbeit findet. Auf unsere Beziehung hat das dann wohl auch wieder Auswirkungen, die gerät in Schieflage und das macht es dann wieder schwieriger, ihn neu zu motivieren."
„Ganz genau. Du hast das Prinzip verstanden. Für Azubis ist es besonders wichtig, akzeptiert zu werden, weil sie nur dann Vertrauen aufbauen und sich während ihrer Ausbildungszeit positiv entwickeln können. Deshalb ist es gerade in schwierigen Situationen und bei Konflikten besonders wichtig, die Basis des gemeinsamen Handelns nicht zu zerstören. Ohne eine Beziehung gibt es nämlich keine dauerhafte Motivation.

Du hast es an den paar Beispielen gesehen, demotivierende Handlungen können ganz viele unterschiedliche Gesichter haben. Was sie verbindet, ist, dass sie in der Beziehung zum anderen mehr oder weniger bewusst nicht auf Bedürfnisse eingehen, die jeder hat, in Extremfällen sogar gezielt gegen sie arbeiten. Das löst in jedem von uns etwas aus. Wo in einem guten Beziehungsverhältnis motiviertes Handeln mit Glücks- und Wohlfühlhormonen gekoppelt ist, die die Arbeit leicht von der Hand gehen lassen, ist in den demotivierten Fällen die Amygdala, also das Angstzentrum, sehr viel aktiver. Das vermittelt nicht nur ein unangenehmeres Gefühl vermittelt, sondern sorgt auch dafür, dass die geistigen Leistungen nur in geringerem Maße möglich sind." „Jetzt, wo du mir das alles erzählt hast, wird mir noch einmal klarer, warum Lutz immer so drauf gepocht hat, dass ich mit meinen Führungstätigkeiten Sicherheit beim Azubi schaffen soll, klar, das Sicherheitsbedürfnis will befriedigt werden und weil es gleich nach den Grundbedürfnissen kommt, ist es zentral für ein motiviertes Arbeiten. Voll gut und irgendwie auch interessant, wie sich das mit neuem Wissen nochmal so ganz anders erschließt. Ich hab am Anfang gar nicht darüber nachgedacht, warum die Motivation gefördert wird, wenn Azubis beginnen, frühzeitig etwas selbst zu machen, wenn sie den Sinn in ihrem Tun begreifen, sich Tätigkeiten abwechseln, sie selbst kreativ werden und Eigeninitiative zeigen können und ich trotzdem immer wieder die Arbeit und den Lernstand kontrolliere. Mir war klar, dass Erfolgserlebnisse toll und wichtig sind, aber ich konnte nicht erklären, weshalb. Das hab ich alles jetzt verstanden, danke."

„Gerne. Ist doch ziemlich steil, wenn die Auseinandersetzung mit Motivation so motivierend ist, weil sich Sinnhaftigkeit in den verschiedenen Führungstätigkeiten zeigt. Und wo wir schon bei motivierenden neuen Erkenntnissen sind: Wie steht es mit der Kommunikation bei dir?" „Wie meinst du das? Ob ich genug mit meinem Azubi rede? Oder wie?" „Ich meine, ob du dir schon einmal nähere Gedanken zu dem Thema gemacht hast." „Naja, ich denke meistens schon darüber nach, was ich sage. Aber wenn du mich fragst, ob ich mir zur Kommunikation solche Gedanken gemacht habe wie wir beide jetzt gerade zur Motivation, dann nein. Aber da du so fragst, würde es Sinn ergeben, das zu tun? Auch und gerade in Verbindung mit dem Thema Motivation?" „Meiner Ansicht nach schon, ja, denn wie motivierend Führen mehr als eine bloße Tätigkeit meint, steckt auch hinter der Kommunikation sehr viel mehr alsWörter zu sprechen und wie beim Motivieren kann man sehr viel Positives bewirken, wenn man an ein paar Dinge denkt." „Na dann bin ich mal gespannt, was du mir an neuem Input gibst und inwieweit ich eine Verbindung zur Motivation herstellen kann."

„Das bin ich auch. Gut. Fangen wir ganz grundlegend an. Wie funktioniert Kommunikation? Was sind die Grundbestandteile?" „Naja, ich brauche zwei Personen, von denen sich zumindest eine mit einer Botschaft an die andere wendet." „Genau. Wir haben einen Sender und dieser Sender schickt eine Nachricht an den Empfänger. Dazu benötigt er einen Informationskanal. Der Empfänger nimmt die Nachricht dann auf und gibt im Idealfall Rückmeldung, was bei ihm angekommen ist. Dann kann der Sender wiederum überlegen, ob es das Richtige war und darauf reagieren. Klingt alles ziemlich simpel, ganz so simpel ist es aber nicht. Warum nicht? Weil eine Nachricht eben nicht nur eine Nachricht ist, sondern immer vier Botschaften enthält, glaubt man dem bekannten Kommunikationsforscher Friedemann Schulz von Thun." „Vier Botschaften? Welche denn?" „Laut Schulz von Thun sind in jeder Nachricht ein Sachinhalt verpackt, ein Appell des Senders an den Empfänger, eine Aussage über die Beziehung der Gesprächspartner zueinander und eine Selbstoffenbarung des Senders.

Damit ist aber noch nicht genug. So, wie jede Nachricht vier Botschaften enthält, so ‚hört' der Empfänger auf vier verschiedenen Ohren, dem Sach-, Appell-, Beziehungs- oder Selbstkundgabeohr." „Jetzt hört sich Kommunikation schon nicht mehr ganz so unkompliziert an, bei den ganzen Botschaften und Ohren. Wie hab ich mir das mit den Ohren vorzustellen?" „Jeder Empfänger hat ein Ohr, auf dem er besonders hellhörig ist. Das meint, dass manche Menschen in jeder Nachricht sofort den Appell hören, während man anderen förmlich mit dem Holzhammer mitteilen muss, was sie tun sollen, weil sie auf dem Appellohr fast taub sind und nur auf dem Sachohr hören. Je nach dem, mit welchem Ohr der Empfänger hört, reagiert er auf die Nachricht anders." „Ok, das klingt interessant. Kannst du mir das noch etwas genauer erklären." „Klar. Menschen mit einem ausgeprägten Sachohr hören aus einer Nachricht den rein sachlichen Inhalt heraus und lassen alle anderen Aspekte völlig außer Acht. Wenn zum Beispiel die Ehefrau zu ihrem Mann sagt. ‚Oh, schau mal, das ist ein schöner Rosenstrauß dort im Schaufenster', schickt sie damit vielleicht den Appell ‚Schenk mir doch auch mal so einen Strauß'. Der sachohrorientierte Ehemann antwortet: ‚Ja, der ist wirklich schön.' Damit ist für ihn die Sache erledigt – für den versteckten Appell ist er nicht empfänglich. Man muss ihm Dinge ganz explizit sagen, wenn man etwas von ihm will. Ganz anders ist das bei Empfängern mit Appellohr, die wollen es meistens allen recht machen, daher prüfen sie jede Nachricht mit der Formel: Was soll ich tun? Wenn du jemanden mit einem ausgeprägten Appellohr also nach der Uhrzeit fragst, kann es gut sein, dass er dir nicht mit der Uhrzeit antwortet, sondern meint: ‚Ja, ich beeil mich ja.' Empfänger mit einem überdimensionierten Beziehungsohr nehmen alles persönlich, fühlen sich leicht angegriffen und beleidigt. Wenn jemand wütend spricht, fühlen sie sich beschuldigt, wenn jemand lacht, fühlen sie sich ausgelacht, wenn jemand guckt, fühlen sie sich kritisch gemustert, wenn jemand wegguckt, fühlen sie sich gemieden und abgelehnt. Sie liegen quasi ständig auf der Beziehungslauer." „Ui." „Ja und die Empfänger mit einem gut ausgebildeten Selbstoffenbarungsohr hören aus jeder Nachricht zuerst die Botschaft, die der Empfänger über sich gibt. Sie stellen sich häufig die Frage: ‚Warum sagt er mir das?' Es geht ihnen somit nicht um den Sachinhalt, sondern darum, was der Empfänger über sich selbst bekannt gibt." „Und woher weiß ich jetzt, wann ich welches Ohr treffe?" „Das ist eine gute Frage. Leider kannst du nicht wirklich beeinflussen, auf welchem der Empfänger besonders gut hört. Der weiß das meist selbst nicht so genau, was die Kommunikation nicht unbedingt erleichtert. Du kannst es aber vielleicht aus der Reaktion des Empfängers erkennen und dementsprechend darauf reagieren." „Das heißt, in dem Moment, in dem ich um die vier verschiedenen Ohren weiß, habe ich etwas an der Hand, das mir verschiedene Reaktionen in einem Gespräch erklären kann und vielleicht auch manchmal meine eigene, mir aber leider nicht konkret sagt, was ich wann zu wem am besten wie sage?“ „Ja, das trifft es sehr gut. Das Modell zeigt, dass Kommunikation immer auch Interaktion bedeutet, Austausch, Beziehung. Und je bewusster mir das ist, desto wacher und sensibler gehe ich mit ihr um.“

„Und was kann ich jetzt konkret für eine gelungene Kommunikation mit Azubis tun?“ „Naja, du kannst dir genau überlegen, wie du ein Gespräch beginnen willst, denn eine Grundregel der Kommunikation lautet: Der Gesprächsbeginn bestimmt das Gesprächsergebnis. Mach dir also klar, warum du ein Gespräch führst, was du damit erreichen willst und was für einen Gesprächsverlauf du dir wünschst. So kannst du das Gespräch positiv beeinflussen. Im Gespräch selbst ist es dann wichtig, dass du deinem Gegenüber auch aktiv zuhörst. Das bedeutet, dass du ihm durch Mimik und Gestik, die bei der Kommunikation übrigens unglaublich wichtig sind, signalisierst, dass du bei der Sache bist und geduldig versuchst, das, was gesagt wurde, richtig zu verstehen. Wenn du dabei Gesprächsinhalte deines Gegenübers paraphrasierst, kannst du herausbekommen, ob du es richtig verstanden hast. Mit dem aktiven Zuhören machst du deinem Gegenüber klar, dass du es verstehen willst, es also ernst nimmst und wertschätzt und hier schließt sich dann auch wieder ein Bogen zur Motivation. Erkennst du ihn?“ „Klar, ich geh mit dem aktiven Zuhören im Gespräch auf das Ich-Bedürfnis meines Gegenübers ein. Voll gut.“ „ Ganz genau. Das tust du auch, wenn du in Gesprächen Verständnis signalisierst und andere Sichtweisen akzeptierst. Wer aggressiv im Gespräch herumpoltert, emotional aufgeladene Begriffe verwendet oder sich ständig nur negativ ausdrückt, womöglich noch mit ausladenden Gesten, trägt nicht gerade zu einem Sicherheitsgefühl beim Gegenüber bei und gefährdet damit die Beziehung, auf deren Basis das Gespräch stattfindet. Deshalb empfiehlt es sich, möglichst neutral zu bleiben oder bewusste Ich-Botschaften zu senden, um zu betonen, dass etwas deine Sicht der Dinge ist, die dir ja zusteht, aber eben nur eine von vielen ist. Vermeide absolute Aussagen, vor allem in Verbindung mit Du-Botschaften, sie sind meist kontraproduktiv. Wenn du es dann noch schaffst, deine Gespräche klar zu gliedern, strukturiert zu führen und immer wieder an deinem Gegenüber auszurichten, ihm passende Fragen zu stellen, dann ist ganz viel geschafft.“ „Was meinst du mit passenden Fragen?“ „Na der Situation angemessene. Es gibt offene und geschlossene Fragen. Während die offenen die Antwortmöglichkeit offen lassen und damit sehr praktisch sind, wenn du möglichst viele Informationen benötigst, geben die geschlossenen Fragen die Antwortmöglichkeiten vor. Du kannst sie also nutzen, um ein Gespräch zum Abschluss zu bringen oder um Entscheidungen herbeizuführen." „Ach so, ok."

„Was ich dir mit dem kleinen Ausflug in die Kommunikation zeigen wollte, ist, dass sie im Kontext der Ausbildung ganz großen Einfluss auf die Motivation deiner Azubis hat. Wenn du es schaffst, ihnen in den Gesprächen, die ihr führt, das Gefühl zu geben, ernst genommen und wertgeschätzt zu sein, nimmst du auf wichtige Bedürfnisse Bezug, entsprichst ihnen und schaffst damit eine wichtige, tragfähige Basis für eine gelungene Zusammenarbeit: Respekt erhält, wer respektiert, ernst genommen wird der, der den anderen ernst nimmt."

„Das klingt nach einem guten Schlusswort für heute, oder?" „Ja, das war fast schon poetisch." „Und von mir eine geschlossene Frage. Du siehst, ich hab wieder einmal eine Menge gelernt. Ich werd mein neues Wissen nutzen und es in meine Gespräche mit Jonas einfließen lassen, gehört ja schließlich zu meinen Führungsaufgaben. Mal sehen, ob ich die Motivation hoch halten kann – ich bin jedenfalls sehr motiviert dazu." „Das freut mich zu hören, Tim. Ich bin schon jetzt gespannt, was du bei unserem nächsten Gespräch berichtest." „Das darfst du sein. Und für dein Ich-Bedürfnis noch eine Ich-Botschaft zum Schluss: Ich fand unser Gespräch heute sehr bereichernd. Vielen Dank, dass du mir wieder neue Horizonte eröffnet hast." „Hab ich gern gemacht." „Dann bis zum nächsten Mal, tschüss Finja." „Bis zum nächsten Mal, Tim."

Motivation und Demotivation

Motivation ist eine Triebfeder, die uns dazu antreibt, etwas zu tun. Sie kommt grundsätzlich immer aus unserem Innern, kann also nicht von außen "aufgepfropft" werden. Ob wir motiviert sind oder nicht, hängt davon ab, wie wir unsere Bedürfnisse befriedigen können. Je besser die Bedürfnisse eines Menschen an seinem Arbeitsplatz befriedigt werden, desto motivierter arbeitet er. Abraham Maslow hat die Bedürfnisse der Menschen zusammengestellt und verschiedenen Kategorien in der Bedürfnispyramide zugeordnet.

Motivation im Alltag:

Sicherheitsbedürfnis	• Sorgfältige Einführung in das Unternehmen • Stufengerechte Informationen • Klare Regelung von Arbeitsabläufen • Klare und durchdachte Anweisungen geben • Bei Unsicherheiten für Fragen zur Verfügung stehen • Zuverlässig sein • Kontrolle und Rückmeldung • …
Soziale Bedürfnisse	• Integration in das Unternehmen • Integration ins Team • Mitnehmen zu Sitzungen (wo möglich und sinnvoll) • Mitnehmen zur Kaffeepause und in den Pausenraum • Bei eventuellen Konflikten zur Seite stehen • …
Ich-Bedürfnisse	• Ernst nehmen • Lob geben, wenn es verdient ist • Nach der Meinung fragen • Vorschläge machen lassen • Wertschätzende Behandlung • …
Selbstverwirklichung	• Freiraum geben, wo es möglich ist • „Ämtle“ mit Verantwortung übertragen • …

Hierauf sollte ich bei meinen Gesprächen achten

Richtig anfangen
Der Gesprächsbeginn bestimmt das Gesprächsergebnis: Also ergibt es Sinn, sich eine schlüssige Gesprächseröffnung zu überlegen. Warum führe ich dieses Gespräch? Was will ich erreichen? Wie soll das Gespräch verlaufen?

Aktiv zuhören
Ich konzentriere mich auf meine*n Gesprächspartner*in. Durch Mimik und Gestik signalisiere ich, dass ich bei der Sache bin. Damit bekunde ich, dass ich meine*n Gesprächspartner*in ernst nehme. Ich zeige Wertschätzung.

Verständnisvoll antworten
Aggressionen bringen Gespräche nicht weiter. Verhalte ich mich verständnisvoll, habe ich die Chance, selbst verstanden zu werden. Das bedeutet nicht, dass ich zu nachgiebig sein muss oder soll, es erweitert aber meine Sicht um die des Gegenübers.

Auf den Tonfall achten
Ich kann alles, was ich sage, positiv oder negativ ausdrücken, aggressiv, emotional besetzt oder neutral zur Sprache bringen. Jeder hat das Recht auf seine eigene Sicht der Dinge. Gerade weil es aber meine Sicht der Dinge ist und nicht etwa eine objektive, empfiehlt es sich, "Ich-Botschaften" zu senden und auf "Du-Botschaften" zu verzichten.

Andere Sichtweisen akzeptieren

Die Welt ist nicht so, wie sie "objektiv" ist. Sie ist so, wie jeder von uns sie erlebt, also subjektiv. Absolute Aussagen wie "Du bist faul" oder "Du bist ..." stimmen deshalb nie. Es lohnt sich, auch die Meinung des Gegenübers anzuhören und als seine Sichtweise anzunehmen.

Goldene Regeln für die Gesprächsführung

- regelmäßig Gespräche während der Ausbildungszeit führen
- sich auf jedes Gespräch gut vorbereiten
- Wenn ein Gespräch geführt wird, dann wird ein Gespräch geführt. Es gibt zu diesem Zeitpunkt nichts Wichtigeres -> Störquellen ausschalten
- genügend Zeit einplanen
- zu einem positiven Gesprächsklima beitragen
- offen und vorurteilsfrei in das Gespräch gehen
- Gesprächspartner*in ernstnehmen, keine "Alibi-Gespräche" führen
- Geduld haben und Gesprächspartner*in ausreden lassen, nicht unterbrechen – auch nicht, um beim Formulieren zu helfen
- aktiv zuhören und Auszubildende zum Sprechen ermuntern
- von Zeit zu Zeit das Gesagte zusammen fassen, sich vergewissern, ob alles richtig verstanden wurde
- auf die Argumente der Gesprächspartner eingehen
- Gesprächsziel und das Thema im Auge behalten
- keine leeren Versprechungen machen
- keine Maßnahmen androhen, die dann nicht durchgesetzt werden können

- die Inhalte der Gespräche vertraulich behandeln, besonders, wenn Auszubildende Persönliches anvertrauen
- verbindliche Vereinbarungen treffen
- das Gespräch in gutem Einvernehmen schließen
- für sich reflektieren, was gut war und was beim nächsten Mal besser gemacht werden kann

7. Tim kritisiert das Verhalten von Jonas

„Guten Morgen, Jonas." „Hallo, Tim." „Setz dich doch bitte. Ich habe dich hier in den Besprechungsraum gebeten, weil ich mit dir über deine Unpünktlichkeit in der letzten Zeit sprechen möchte. Es ist mir aufgefallen, dass du in den letzten beiden Wochen häufig zu spät gekommen bist. Zu Beginn deiner Ausbildung haben wir uns über unsere Erwartungen ausgetauscht und daraus Regeln für unsere Zusammenarbeit formuliert, erinnerst du dich?" „Ja, sicher." „Wir haben damals vereinbart, dass du um 8.25 Uhr an deinem Platz bist, um dann pünktlich um 8.30 Uhr deine Arbeit aufzunehmen. Jetzt bist du mehrmals nicht pünktlich da gewesen und ich musste auf dich warten, also habe ich mir einen Ausdruck von deinen Stempelzeiten machen lassen. Schau mal hier: Dienstag gestempelt um 8.46 Uhr, Mittwoch um 8.43 Uhr, Donnerstag 8.45 Uhr, Freitag um 8.48 Uhr … Jonas, du weißt, dass es für die geregelten Abläufe hier wichtig ist, dass alle im Einkauf pünktlich sind. Ich kann daher nicht tolerieren, dass du als Teammitglied des Einkaufs die Regeln nicht einhältst. Ich habe dich bislang als eine zuverlässige Person kennengelernt, deshalb ist es mir wichtig, zu wissen, was da los ist. Was meinst du dazu?"

„Ja, das mit dem Zuspätkommen stimmt schon, aber bei mir vor der Haustüre wird gerade an der Straße gebaut, deshalb fährt der Bus da zurzeit etwas anders, später oder langsamer." „Ok, Straßenbauarbeiten also, da kann es schon mal zu Verzögerungen kommen, das ist richtig, das kann ich nachvollziehen. Aber das kann und sollte kein Grund sein, zu spät zu kommen. Was denkst du, könntest du machen, damit du trotz dieser Straßenbauarbeiten wieder pünktlich da bist?" „Mh, ich könnte dem Busfahrer Stress machen, damit er auf meiner Route mehr aufs Gas drückt." „Ja, das ist eine Möglichkeit - und von denen gibt es ja bekanntlich viele verschiedene. Fällt dir sonst noch was ein, was du tun könntest?" „Naja, das ist zwar etwas uncooler als die erste Idee, aber ich könnte natürlich auch etwas früher aufstehen und zu einer anderen Bushaltestelle laufen, um einen Bus zu nehmen, der nicht von der Baustelle betroffen ist und der deshalb pünktlich hier ankommt." „Das wiederum finde ich eine ausgezeichnete Idee. Ich bin sofort einverstanden, dass du die wählst. Heißt: In den nächsten zwei Wochen der verbleibenden Straßenbauarbeiten stehst du etwas früher auf und nimmst den anderen Bus, so dass du auf jeden Fall rechtzeitig zum

Arbeitsbeginn um 8.30 Uhr da bist. Ich werde das ganz genau beobachten, nicht um dich zu ärgern, sondern weil es wichtig ist, dass die Regeln, auf die wir uns geeinigt haben, eingehalten werden. Nur so funktioniert ein gutes und erfolgreiches Zusammenarbeiten. Heute in zwei Wochen treffen wir uns hier im Besprechungszimmer wieder und schauen uns an, wie der neue Plan gelaufen ist. Bitte schreib dir den Termin für unser Treffen in deinen Kalender." „Ist gut, Tim, schon passiert. Ich hab mir nen Handyreminder gesetzt." „Gut. Also Jonas, ich vertraue darauf, dass du ab sofort wieder pünktlich bei der Arbeit bist, ja?" „Ja, Tim." „Gut, wir sehen uns."

Was mir zum Kritikgespräch klar sein muss:

Als Führungskraft habe ich die Aufgabe, Dinge beim Namen zu nennen, die nicht in Ordnung sind. Es ist wichtig, dass ich auf eine wirksame und unmissverständliche Art und Weise kritisiere. Dabei kommt es darauf an, dass ich weder den Respekt noch das Vertrauen zu den Auszubildenden verspiele. Mit einem Kritikgespräch kann ich bewirken, dass mangelnde Leistung oder Fehlverhalten abgestellt werden und die Auszubildenden wieder auf den "Pfad der Tugend" zurückkehren.

Vorbereiten: Termin vereinbaren, ungestörter Ort, Vier-Augen-Gespräch, Argumente und Wortwahl überdenken

Mein roter Faden für Kritikgespräche:

Schritte	
Schritt 1: Begrüßung, Grund des Gesprächs nennen	
Schritt 2: Grund für die Kritik genau beschreiben (was, wann, wo, ...)	
Schritt 3: Was kannst du tun, damit das nicht mehr passiert? (Geduldig zuhören, bis ein vernünftiger Vorschlag kommt)	
Schritt 4: Ziel vereinbaren (SMART: spezifisch, messbar, akzeptiert, realistisch, terminiert)	
Schritt 5: Folgetermin setzen	
Schritt 6: Zuversicht aussprechen und Gespräch beenden	

8. Zum Ausbilden unter Zeitdruck

Auf seinem Weg von der Kantine zurück ins Büro begegnet Tim Finja: „Na, auf dem Weg zum Milchreis-Freitag?“ „Ertappt, hallo Tim.“ „Hallo Finja.“ „Und du hast deine Schale schon leer gelöffelt?“ „Ja, das musste alles schnell gehen, ich habe wenig Zeit.“ „Steht gerade etwas Wichtiges im Einkauf an?“ „Nein, das nicht, ich merke einfach nur, dass es Zeit kostet, mich neben meinen ‚normalen‘ Aufgaben auch noch um Jonas zu kümmern. Du hattest mir zwar schon gesagt, dass ich einiges an Zeit investieren muss, von daher kommt es nicht so überraschend, trotzdem hatte ich wohl irgendwie gedacht, dass ich das alles geschmeidiger unter einen Hut bekomme.“ „ Ok, verstehe. Kann ich dir irgendwie helfen?“ „Wenn du gute Tricks kennst, wie ich mein Zeitkonto wieder etwas aus den Miesen bekomme, dann ja.“ „Na dann lass mich mal kurz überlegen, wie du aus den roten wieder schwarze Zahlen machen könntest – ich würde dir zu zwei Vorgehensweisen raten, von denen die eine recht schnell umzusetzen ist, weil sie dich und deine Arbeitsweise betrifft, und die andere manchmal etwas mehr Geduld braucht, weil es um deinen Azubi geht bzw. um seine Aufgaben.“ „Das hört sich schon mal vielversprechend an.“ „Welche Variante willst du zuerst hören?“ „Die, die etwas länger dauert.“ „Ok. Wie du ja schon richtig gesagt hast, kostet die Ausbildung von Auszubildenden Zeit, gerade am Anfang, wo sehr viele Gespräche, Erklärungen und Hilfestellungen nötig sind, um den Azubi mit seiner neuen Arbeitswelt vertraut zu machen. So viel Zeit, wie Jonas aber in den ersten Wochen in Anspruch genommen hat, so viel Zeit kann er dir auch wieder schenken, indem er dich mit der Arbeit, die er nach einer guten Einführung leistet, entlastet. Was ich damit sagen will, ist, lass ihn Berufserfahrung sammeln, indem er Teile deiner Arbeit übernimmt. Für Jonas ist es motivierend, in reale Arbeitsaufgaben und –prozesse eingebunden zu sein, und für dich eine Zeitersparnis. Wichtig ist hierbei einfach, dass er gut eingearbeitet ist und ihr regelmäßig miteinander sprecht, damit du ihn angemessen fordern und fördern kannst und auch schnell mitbekommst, wenn es irgendwelche Probleme gibt.“ „Einbinden hat was, da hast du Recht und ich glaube, dass Jonas tatsächlich in einigen Bereichen schon recht fit ist. Das ist mir bei ein paar Aufgaben aufgefallen. Ich hatte dir ja auch schon davon erzählt, dass er mir geholfen hat bei einer Lieferantenfrage. Kleinere Sachen hab ich ihm deshalb auch schon gegeben, aber noch nicht so viel Großes. Aber jetzt, wo du das sagst, versuche ich es vielleicht doch mal mit einer Lernaufgabe." „Gute Idee. Eine Lernaufgabe wird ihn sicherlich weiterbringen und dich auch." „Hoffentlich, aber eigentlich bin ich zuversichtlich. Und die Perspektive, wieder etwas mehr Zeit zu haben, ist schon sehr verlockend." „Das denk ich mir. Dann komm ich mal zu dem Part, der mehr mit dir als mit Jonas zu tun hat, nämlich mit deinem Selbst- und Zeitmanagement. Hast du schon von der ALPEN-Methode gehört?" „Alpen-Methode? Nein, von den Alpen, ja, aber nie von einer Alpen-Methode." „Na dann, erklär ich sie dir mal. Die ALPEN-Methode gibt Tipps zu einem gelungenen Zeitmanagement. Dabei steht das A für: Aufgaben und Termine aufschreiben. Wenn du das machst, hast du einen Überblick darüber, was du alles erledigen willst oder sollst und zu welchen Terminen es fertig sein soll. Das Aufschreiben ist dabei sehr wichtig. Das L steht für: Länge der Aufgaben schätzen. Es bedeutet, dass du für jede Aufgabe ein bestimmtes Zeitbudget zur Verfügung stellst. Weil jede Aufgabe eine gewisse Bedeutung hat, darf sie nicht ewig dauern, sondern nur so lang, wie sie es wert ist. Ist das verständlich?" „Ja, ich denke schon. Das ist wie beim Einkaufen: Ich hab ein gewisses Budget und brauche bestimmte Sachen mit einem gewissen Wert. Ich kann nur so viel ausgeben, wie es mir wert ist und irgendwann ist das Geld weg." „Ja, genau, das ist schlüssig erklärt. Das P der ALPEN-Methode steht für: Prioritäten setzen. Manche Aufgaben sind wichtiger als andere. Die solltest du zuerst erledigen. Zum Beispiel nützt es wenig, wenn du selbst wie wild arbeitest und deinem Azubi nicht mitteilst, was er tun kann. Denn so kann er dich nicht entlasten und lernt zudem in dieser Zeit auch nichts. Also: Erst Azubi beschäftigen, dann selbst Fachaufgaben lösen. Und dann gibt es noch dringende Aufgaben, die zu erledigen sind. Unter all den Aufgaben wird es, ganz realistisch betrachtet, auch solche geben, die du schlicht ganz streichen musst, wenn dir die Zeit nicht reicht. Das ist genau so, wie du das mit dem Geld gerade erklärt hast. Wenn du nur fünfzig Euro zur Verfügung hast, musst du dir genau überlegen, wofür du die ausgibst. Das ist bei deiner Zeit nicht anders, manche Dinge passen einfach nicht ins Budget.

Das E steht für: Einplanen von Pufferzeiten. Es bedeutet, dass du nie deine ganze Zeit für geplante Aufgaben verplanen solltest. Denn es kann immer etwas dazwischen kommen, ein ganz wichtiger Termin zum Beispiel oder jemand wird krank und du musst improvisieren. Wenn du dann keine Pufferzeiten eingeplant hast, gerät dein ganzer Terminplan durcheinander." „Ja, ich weiß sehr gut, wovon du sprichst. Das geht mir im Moment ganz häufig so, wahrscheinlich, weil ich bisher nie an Pufferzeiten gedacht, sondern alles mit Aufgaben und Terminen vollgepflastert habe." „Das ist gut möglich. Kommen wir zum letzten Buchstaben, dem N. Das N steht für: Nachkontrolle. Die solltest du regelmäßig machen, am besten täglich. Dann weißt du, was du erledigen wolltest und kannst das, was fertig ist, abhaken. Das, was noch offen ist, kannst du dann überdenken. Ist es wirklich wichtig? Muss es noch gemacht werden oder hat es sich von selbst erledigt? Was noch gemacht werden muss, überträgst du auf den nächsten Tag oder die nächste Woche." „Die Methode hört sich ganz vernünftig für mich an. Ich glaube, es ist wichtig für mich, dass ich bei all den Aufgaben den Überblick behalte und nicht vor lauter Stress in einem riesen Aufgabenberg versinke." „Das ist es auf jeden Fall. Ich finde die Methode sehr hilfreich, um die Dinge strukturiert anzugehen und nicht vor lauter Aufgaben in Schnappatmung zu geraten. Pausen sind wichtig und mit den einkalkulierten Pufferzeiten ist es auch immer wieder möglich, einmal durchzuatmen, ehe du dann effektiv deinen Plan abarbeitest. Das bewirkt viel." „Ja, das kann ich mir vorstellen. Ich werd mich gleich morgen mal hinsetzen und die Methode ausprobieren." „Schön. Und du weißt, wenn du das Gefühl hast, dass du jemanden zum Reden brauchst oder dass das alles gerade zu viel wird, komm bei mir vorbei, dann schauen wir zusammen, welche Aufgaben delegiert oder weggelassen werden können und wie du ‚normale' Alltagsaufgaben und Ausbildung gut unter einen Hut bekommst. Du bildest schließlich nicht für dich, sondern für die Hartung AG aus. Das ist ein wichtiger Dienst für die Firma, für den wir dir dankbar sind und von dem wir auf keinen Fall wollen, dass er dich nur stresst und dadurch krank macht." „So schlimm ist es noch nicht, aber das ist trotzdem gut, zu wissen. Danke, Finja. Ich werd jetzt mal schauen, dass ich deine Tipps umsetze und kann dir ja dann Bescheid geben, ob der Zeitdruck besser geworden ist." „Ok, dann machen wir das so. Dann wünsch ich dir jetzt noch einen hoffentlich nicht mehr allzu stressigen Tag und wir hören uns wieder." „So machen wir das. Dir wünsch ich einen guten Appetit. Heute gibt's übrigens Brombeeren zum Milchreis." „Mh. Ich bin schon weg … Mach's gut."

9. Tim instruiert Jonas mit der ARIVA-Methode

„So Jonas, in den kommenden Wochen möchte ich dir die Verantwortung für den Einkauf einiger Büromaterialien übertragen. Das ist eine Aufgabe, die viel Sorgfalt, Genauigkeit und Planung erfordert und bei der man viel über den Einkauf lernen kann. Hast du schon mal eingekauft?" „Ja, klar. Ich geh ständig einkaufen und wenn es nur in der Pause kurz rüber in den Laden ist, um mir nen Schokoriegel und was zu trinken zu holen." „Ok, sehr gut, damit können wir arbeiten. Wenn du also in der Pause rüber in den Laden gehst, welche Überlegungen stellst du zu deinem Einkauf an?" „Naja, ich überlege mir, was ich brauche und wie viel davon." „Gut. Sonst noch was?" „Ja, was es kosten darf, also, wie viel Geld ich zur Verfügung habe. Als Azubi ist das nicht so viel, deshalb schau ich schon auf die Preise und freu mich natürlich über gute Angebote."

„Du rechnest also, sehr gut. Und weshalb überlegst du, wie viel du von was brauchst?" „Aus zwei Gründen, würde ich sagen: Erstens kostet mehr meistens auch mehr, wo wir wieder beim Rechnen bzw. beim Preis sind. Und zweitens steht das Zeug, was ich nicht gleich verbrauche, blöd auf meinem Tisch rum, weil ich es nirgends anders hinpacken kann, und verschwendet Platz, den ich eigentlich zum Arbeiten brauche." „Ok, wenn du das so erzählst, scheint mir, dass du dir schon einige Gedanken zum Einkaufen gemacht hast und über ein beträchtliches Wissen verfügst, Wissen, das du jetzt auch beim Einkauf von unseren Büromaterialien einsetzen kannst.

Schauen wir also mal auf die Beschaffung des Kopierpapiers fürs Büro und überlegen, welche wichtigen Schritte dabei zu gehen sind: Zuerst verschaffen wir uns einmal einen Überblick über das aktuelle Bestellvolumen: Wie viel Kopierpapier brauchen wir im Monat? Die Antwort auf diese Frage können wir finden, indem wir uns die Rechnungen der letzten drei Monate anschauen und sehen, was bestellt wurde. Dann stellt sich die Frage, wie viel Papier noch im Lager ist. Das können wir nachzählen. Wenn wir diese beiden Fragen geklärt haben, können wir ausrechnen, wie viel wir jetzt bestellen müssen. Was denkst du, können wir bei unserer Bestellung noch etwas beachten?" „Wir könnten vielleicht überlegen, ob es in der nächsten Zeit irgendwelche besonderen Situationen in der Abteilung gibt, vielleicht muss ja extra viel kopiert und ausgedruckt werden, weil wir Zusatzaufgaben haben oder extra wenig, weil alle in den Ferien sind." „Das ist eine sehr gute Überlegung. Richtig gut, Jonas." „Danke."

„Wenn wir jetzt den Bedarf ermittelt haben, schauen wir in unserer Lieferantenkartei, wer uns mit dem Papier beliefern könnte. Dann fragen wir per Mail oder per Telefon nach den Konditionen und bestellen bei dem Lieferanten, der uns das beste Angebot bieten kann." „Wobei das beste Angebot nicht immer auch das billigste ist, oder? Ich bin schon ein paar Mal ziemlich angenervt von Billigprodukten gewesen." „Ja, da hast du Recht. Die Qualität muss stimmen, denn billiges Zeugs, was nichts taugt, ist am teuersten. Wir achten also auf gute Qualität zu guten Preisen. Ja, und dann bestellen wir. Nachdem du jetzt gesehen hast, wie das beim Kopierpapier funktioniert, kannst du ja einmal versuchen, den Toner für unser Büro selbstständig einzukaufen." „Ok, Tim. Ich schau mal, welche Drucker in den Büros stehen und wie es mit dem Bedarf an Tonerkartuschen in den letzten vier Monaten ausgesehen hat. Dann check ich im Lager, was noch vorhanden ist und geh dann mit den Zahlen auf Lieferantensuche." „Super, mach das. Wenn du mit allem fertig bist, kommst du zu mir, damit wir alles auswerten können." „Ist gut, mach ich."

„Hallo Tim, ich bin jetzt fertig." „Wow, das ging aber fix. Du hast den gesamten Bedarf errechnet, die Angebote eingeholt und die Bestellung vorbereitet? Erzähl mal, wie bist du mit deiner Arbeit zufrieden?" „ Also, beim Bedarf Errechnen habe ich den Buchbestand am Anfang nicht mit dem Lager abgeglichen. Deshalb hätte ich fast zu wenig bestellt. Aber ich habe es dann noch gemerkt. Da war eine kaputte Schachtel mit Kartuschen, die man nicht mehr verwenden kann im Lager. Sie war noch nicht aus dem Soll-Bestand ausgetragen." „Sehr gut, da hast du gründlich gearbeitet. Was hast du sonst noch gut gemacht bei dem Auftrag?" „Ich habe mir eine Tabelle angelegt mit dem Verbrauch pro Monat und dem Bestand je Kartusche. Das Programm hat mir dann das Ergebnis der nötigen Bestellmenge von selber ausgerechnet." „Das ist clever, richtig gut. Gibt es auch etwas, was du beim nächsten Mal anders machen würdest?" „Ja, gibt es, beim Telefonieren. Wenn ich schnell eine Auskunft brauche, würde ich nicht mehr kurz vor der Mittagspause bei den Anbietern anrufen. Erstens hab ich oft niemanden mehr erreicht und zweitens waren die, die noch abgenommen haben, manchmal gereizt, wahrscheinlich hatten sie Hunger." „Das ist eine wichtige Beobachtung. Die habe ich auch schon gemacht:

Es gibt gute Zeiten und schlechte Zeiten, um mit Leuten in Kontakt zu treten. Wenn ich deine Arbeit jetzt im Gesamten so anschaue, dann sieht sie richtig professionell aus. Du kannst Büromaterial einkaufen, herzlichen Glückwunsch, wieder etwas dazugelernt.“ „Cool, danke.“ „Ja und weil du das so professionell gemacht hast, freue ich mich, dir den Einkauf der Verbrauchsmaterialien jetzt anvertrauen zu können. Du wirst dabei wichtige Erfahrung sammeln und ich kann mich in dem Wissen, dass du sorgfältig und klug arbeitest, anderen Aufgaben widmen, das ist für uns beide eine richtig gute Sache.“ „Oh wow, danke.“ „Sehr gern, Jonas.“

Die Instruktionsmethode ARIVA

Die Instruktionsmethode ARIVA steht für die Schritte:
Ausrichten, Reaktivieren, Informieren, Verarbeiten, Auswerten.

A: Ausrichten bedeutet, den Auszubildenden das große Ziel der folgenden Instruktion zu verdeutlichen, damit sie das Lernziel in das große Ganze einordnen können.

R: Reaktivieren bedeutet, dass das Wissen, welches bereits im Kopf der Auszubildenden vorhanden ist, an die Oberfläche geholt und wieder aktiviert wird. Das wird getan, um die neuen Informationen an bereits vorhandenes Wissen anknüpfen, so kann man es sich besser merken.

I: Informieren bedeutet, das, was den Auszubildenden beigebracht werden soll, nun an das, was sie bereits wissen, anzuknüpfen. Vorhandene Wissensfäden werden mit den neuen Wissensfäden verwoben.

V: Verarbeiten bedeutet, dass die Auszubildenden das Gelernte jetzt verinnerlichen und sich damit aneignen. Während des Übens soll das Erlernte überdacht und mit bisherigen Erfahrungen verknüpft werden, wenn möglich allein, auf jeden Fall mit viel Freiheit.

A: Auswerten bedeutet, dass das Ergebnis dessen, was bei den Auszubildenden angekommen ist, ausgewertet wird, am besten von den Auszubildenden zuerst. Nachdem die Auszubildenden ihre Sicht dargelegt haben, ist es wichtig, ihnen eine Rückmeldung zu geben, was ich gut oder sogar besonders gut finde und, falls erforderlich, was sie das nächste Mal besser machen können.

Tim Machert verabschiedet seinen ersten Azubi

1. Finja und Tim blicken zurück und sprechen über Beurteilungen

„Klopf, klopf." „Herein?! Ach, du bist es, Tim. Komm, setz dich. Ich schreib gerade noch kurz die Mail hier fertig. Ein Satz, dann bin ich bei dir." „Kein Problem, Finja, bin ja eh etwas zu früh dran. Mach das Ding in Ruhe fertig." „ So, jetzt. Ja, Mensch, Tim, schon wieder ein Monat vorbei und nicht nur das, die Ausbildungszeit von Jonas bei dir in der Abteilung endet auch bald. Wie geht es dir damit?" „Ist ein komisches Gefühl. Obwohl Jonas, wenn er jetzt dann in eine andere Abteilung wechselt, ja nur ein paar Monate bei uns war, gehört er für mich irgendwie zum Einkauf dazu und ich bin mir sicher, er wird mir fehlen. Und das nicht nur, weil es gekommen ist, wie du es mir gesagt hast: Was ich anfangs an Zeit in Gespräche, Erklärungen und Hilfestellungen gesteckt habe, bekomme ich inzwischen zurück. Jonas packt mit an, führt Aufgaben, die ich ihm gebe, selbstständig aus und verblüfft mich immer wieder mit seinen Ideen und der Eigeninitiative, die er an den Tag legt, wenn ihn ein Thema so richtig interessiert. In der Arbeit mit ihm habe ich einfach eine ganze Menge gelernt, von ihm, aber vor allem auch von dir und Lutz. Ohne Ausbildungsbeauftragter zu werden, hätte ich mich wohl nie so intensiv mit Themen wie Führung, Motivation, Lehrmethoden und Kommunikation auseinandergesetzt und so meine eigene Arbeit noch einmal mit ganz neuen Augen gesehen und bedacht. All das nehme ich als sehr bereichernd wahr, auch wenn ich ehrlich sagen muss, dass es nicht immer ganz stressfrei war und mich schon auch Nerven gekostet hat."

„Das gehört wohl dazu, wenn man als Ausbildungsbeauftragter tätig wird. Umso schöner, dass du trotz der Anstrengungen und Herausforderungen so positiv auf deine ersten Ausbildungsmonate mit Jonas blickst. Wobei, vorbei sind sie ja noch nicht. Ein bisschen was steht noch an, auch wenn du die Liste mit den Zielen für Jonas‘ Ausbildungszeit im Einkauf bestimmt schon bis auf den letzten Punkt abgehakt und mit ihm zusammen unterschrieben hast." „Ja, das haben wir. Schon verrückt, vor gar nicht allzu langer Zeit saß ich hier und hab von dir die Ausbildungsordnung bekommen, um zu schauen, was sich davon im Einkauf umsetzten lässt. Und jetzt haben wir all das umgesetzt und sogar noch mehr und hinter allen erreichten Zielen steht nun ein Datum und eine Unterschrift." „Das war eine sehr gute Idee von dir, genauso wie die Zielvereinbarungen, die ihr in Bezug auf eure Erwartungen für die Zusammenarbeit im Einkauf getroffen habt. Denn all die Absprachen, all die Ziele, die du spezifisch, messbar, akzeptiert, realistisch und terminiert definiert hast, werden es dir in ein paar Tagen leichter machen, dein Abschluss- bzw. Beurteilungsgespräch mit Jonas zu führen. Zu beurteilen, ohne vorher Ziele und Erwartungen definiert zu haben, ist nämlich unmöglich. Und hier würde ich jetzt einmal einhaken und vorschlagen, dass wir uns mit Blick auf das anstehende Gespräch dem Thema Beurteilung noch einmal etwas tiefgehender widmen, wenn das für dich passt. Ist das ok?" „Klar, ist das ok. Ich bin froh, wenn du mir noch ein paar Einblicke in das Thema gibst, zumal ich das Gefühl habe, dass das Abschlussgespräch zusammen mit dem Einführungs- und dem Zwischengespräch sehr wichtig ist, sowohl für mich als auch für Jonas."

„Das siehst du ganz richtig, Tim. Beurteilungsgespräche bzw. ein gut funktionierendes Beurteilungssystem sind wichtig und das aus verschiedenen Gründen. Nimm zum Beispiel mal die Sicht unseres Betriebes ein, für die ich immer wieder gerne Lutz zitiere: „Unsere Fachkräfte von morgen werden nicht geboren, sie werden von uns ausgebildet." Wenn es der Hartung AG darum geht, genügend geeignete Nachwuchskräfte zu bekommen, die die Kompetenz des Unternehmens erhalten, die Firmenphilosophie immer weitergeben und mit ihrem Knowhow letztlich das Weiterbestehen des Unternehmens gewährleisten, dann hat ein gutes Beurteilungssystem zwei wesentliche Aspekte: Zum einen soll es ehrliche und zuverlässige Auskünfte über den Stand der Auszubildenden geben, so dass die langfristigen Unternehmensentwicklungsziele mit seiner Hilfe unterstützt werden. Zum anderen sollen die Beurteilungen die Azubis auch zu guten Leistungen motivieren. Du hast ja bestimmt selbst gemerkt, wie motiviert Jonas nach einigen Gesprächen mit dir war, nicht wahr?" „Ja, das hab ich. Da hast du Recht."

„Für mich als Ausbildungsleiterin ist ein gutes Beurteilungssystem wichtig, weil es mir aussagekräftige Hinweise liefern kann, die ich brauche, um gezielte und angemessene pädagogische Maßnahmen ergreifen und so hilfreich auf die Auszubildenden einwirken zu können." „Ok. Das verstehe ich." „Schön. Was ist dir als Ausbildungsbeauftragtem denn wichtig, wenn es um Beurteilungen geht?“ „Naja. Da ich aus der Praxis komme und auch in der Praxis mit Jonas zu tun habe, ist es mir wichtig, dass auch die Beurteilung praxistauglich ist. Ich finde also ein Beurteilungssystem gut, dass einfach, klar und aussagekräftig ist. Super ist es, wenn es leicht verständlich ist und mit wenig Aufwand erstellt werden kann, denn Zeit hab ich immer noch nicht so viel. Auf zeitintensive, komplizierte und unnötige Prozeduren hab ich also wenig Lust.“ „Das kann ich gut verstehen. Wer tut schon gerne Dinge, die für ihn sinnlos und reine Zeitverschwendung sind?“ „Wohl eher niemand.“ „Richtig. Was steht nun für Auszubildende im Vordergrund, wenn es um das Beurteilungssystem geht?“ „Mh, na, ich schätze mal eine nachvollziehbare Rückmeldung. Denn wenn ich jetzt noch mal zurückdenke an die Bedürfnispyramide, dann brauchen sie Sicherheit, wie ihre Leistung beurteilt wird und warum das so ist. Und ihr Ich-Bedürfnis verlangt, dass sie ernst genommen werden, man also über ihre Leistungen und Ergebnisse spricht, soll heißen, dass sie eine gute und faire Rückmeldung bekommen.“ „Ich seh‘ schon, du hast all das, was wir beim letzten Mal zur Motivation besprochen haben, sehr gut verarbeitet und präsent, richtig gut. Und ja, du hast Recht. Für die Azubis ist es wichtig, dass gute Leistungen gut und schlechte schlecht beurteilt werden, am besten mit transparenten und nachvollziehbaren Beurteilungskriterien. Gerade wenn es um Übernahmeentscheidungen geht, ist es wichtig, ein Beurteilungssystem heranzuziehen, das wirklich fair ist, denn es geht um eine zukunftsentscheidende Weichenstellung.“ „Ja, da wäre es wirklich blöd, von willkürlichen Entscheidungen abhängig zu sein.“

„Sehr richtig. Deshalb ist es mir auch wichtig, dass wir hier ein faires Beurteilungssystem haben und fair bedeutet für mich, dass unsere Azubis von den Leuten beurteilt werden, die sie ausgebildet haben und sie deshalb auch beurteilen können. Fair meint für mich auch, dass die Beurteilungskriterien den Beteiligten bekannt und klar definiert sind. Sie sind nachvollziehbar, was bedeutet, dass die Auszubildenden wissen, weshalb sie relevant sind. Eine faire Beurteilung misst also nach den vorher bekannten Maßstäben, die alle Beurteilenden gleich anwenden. So erhalten die Auszubildenden eine klare und nachvollziehbare Rückmeldung in einem Beurteilungsgespräch und die beurteilenden Personen sind sich ihrer Folgewirkungen bewusst. Weil eine Beurteilung, die konstruktiv ist, den Auszubildenden hilft, ihre Stärken zu erkennen und auch an ihren Schwächen zu arbeiten, bin ich dafür, gerecht zu beurteilen und nicht um den heißen Brei zu reden oder Dinge zu beschönigen." „Das ist für mich alles gut nachvollziehbar und damit fair. Und das heißt, dass ich, wenn ich dich richtig verstehe, keine Wischiwaschibeurteilung geben soll, weil sie weder nachvollziehbar noch aussagekräftig und damit überhaupt nicht hilfreich für meinen Azubi ist, was sie sogar noch mit einem negativen Beigeschmack verknüpft, bei mir und bei ihm." „Ja, Tim, genau so ist es. Herumgedruckse oder Augenwischerei sind wenig hilfreich, weil sie keinen voranbringen und im schlimmsten Fall sogar dafür sorgen, dass schlechte Azubis übernommen werden, während andere, gute Azubis mit einer fairen Beurteilung schlechter abschneiden." „Das ist dann wirklich doof."

„Ja, das ist es. Deshalb war ich ja auch so begeistert von deinen Ideen, die zu einer fairen Beurteilung beitragen. Mit der Formulierung von Erwartungen und Zielen hast du von vornherein mit offenen Karten gespielt. Jonas wusste, worauf im Einkauf geachtet wird und was man von ihm erwartet, sowohl in fachlicher Hinsicht als auch was sein Verhalten angeht. Ihr habt also mit euren Zielvereinbarungen operationalisierte Lernziele formuliert und so ein deutliches Soll dokumentiert, von dem sich immer wieder – und gerade jetzt dann beim abschließenden Beurteilungsgespräch- ein Ist-Abgleich anstellen lässt. Und weil Jonas wusste bzw. weiß, welcher Maßstab an seine Leistungen angelegt wird, kann er seine Leistung auch selbst einschätzen, die Beurteilung wird für ihn nachvollziehbar." „Das ist ziemlich gut." „Das ist es." „Kann ich dich noch mal kurz was fragen?" „Klar, frag." „Du hast gerade von operationalisierten Lernzielen gesprochen. Was genau meinst du damit?" „Ich halte mich da an die Definition von Robert Mager, der sagt, dass operationalisierte Lernziele das beabsichtigte Verhalten beschreiben, das der Lernende nach Abschluss seines Lernprozesses zeigen soll. Ein Lernziel besteht dabei aus drei Komponenten, nämlich der beobachtbaren Verhaltensweise des Auszubildenden, die er nach Ablauf der Ausbildung in einem Bereich beherrschen soll, den Bedingungen, unter denen das Verhalten vom Auszubildenden gezeigt werden soll, also wie viel Zeit er zur Verfügung hat und welche Hilfsmittel er verwenden darf, und schließlich dem Bewertungsmaßstab, der angibt, unter welchen Bedingungen das Lernziel erreicht ist und wann es als nicht mehr erreicht gilt." „So ein operationalisiertes Lernziel würde also beispielsweise lauten können: Der oder die Auszubildende erklärt die Funktionsweise des Kopiergerätes am Kopiergerät innerhalb von 15 Minuten mit maximal drei Fehlern." „Ja, genau, so könnte es formuliert sein." „Ok, dann hab ich das richtig gemacht. Da war ich mir nicht ganz sicher. Danke, dass du mir das nochmal kurz erklärt hast. Und wenn ich schon beim Fragen bin:

Wenn du aus all dem, was du mir jetzt gerade erzählt hast, zusammenfassen müsstest, was ein gutes Beurteilungssystem auszeichnet, was würdest du dann sagen, Finja?" „Was ich da sagen würde? Nun ja, ein gutes Beurteilungssystem ist für die Beurteilten nachvollziehbar und wird deshalb akzeptiert. Seine Aussagen sind verständlich und deshalb für die angestrebten Ziele verwertbar. Es ist leicht zu handhaben und der Aufwand, den man dafür betreiben muss, steht in einem sinnvollen Verhältnis zum Ertrag. Außerdem sollten unterschiedliche Beurteiler mit dem System zum gleichen Ergebnis kommen." „Ok, das war ne gute Zusammenfassung für mich. Die werd ich mir in mein Buch schreiben." „Schön. Da steht mittlerweile bestimmt auch schon einiges drin, oder?" „Oh ja, es ist mein Schatz in Ausbildungsfragen geworden, in dem ich immer wieder lese." „Sehr gut, so war es von mir und Lutz bzw. der Geschäftsleitung gedacht. Jetzt, da wir uns mit dem Beurteilungssystem beschäftigt haben, würde ich gerne mit dir über klassische Beurteilungsfehler sprechen und darüber, wie man sie vermeidet." „Ok, hört sich interessant an. Welche Beurteilungsfehler gibt es denn?"

„Zunächst gibt es das Phänomen des ersten Eindrucks. Kannst du damit schon was anfangen?" „Nein, nicht so wirklich." „Das Phänomen nimmt darauf Bezug, dass der erste Eindruck oft lange wirkt und sich so verfestigt, dass er nur schwer verändert werden kann, auch wenn er eigentlich falsch ist. Besonders schwierig ist dieses Phänomen in der Variante, dass du den ersten Eindruck aus zweiter Hand hast, dein Eindruck also auf Vor-Urteilen beruht. Als beurteilende Person solltest du offen bleiben, um fair zu beurteilen." „Offen, mh." „Ein zweiter Beurteilungsfehler ist der Halo-Effekt." „Hat der was mit Licht zu tun?" „Naja, fast. Bei diesem Phänomen überstrahlt eine Eigenschaft deines Azubis andere und du schließt von ihr auf andere, wenn du zum Beispiel denkst: Mein Azubi ist zu spät, bestimmt ist es auch unordentlich ..." „Ich setze also Menschen, die ich positiv sehe einen Heiligenschein auf und denen, die ich negativ wahrnehme, Teufelshörner, verstehe." „Ja, genau so ist es. Schwierig für Beurteilungen ist auch, wenn der Beurteilende sich selbst zum Maßstab macht und die Leistungen oder das

Verhalten des Auszubildenden an den eigenen Leistungen und dem eigenen Verhalten gemessen werden." „Ja, das kann ich mir vorstellen. Wenn man dann noch verbohrt oder sehr von sich eingenommen ist, haben es die Azubis nicht leicht." „ So ist es. Leicht haben sie es auch nicht, wenn der Beurteilende sich an seinen früheren Beurteilungen orientiert und bei neuen Beurteilungen nur zu kleinen Korrekturen bereit ist, auch dann, wenn der oder die Auszubildende die eigenen Leistungen oder das Verhalten stark verändert hat, was im Laufe der Ausbildungszeit gut möglich ist." „Das stimmt, das habe ich bei Jonas auch gemerkt. Da lag nicht so viel Zeit zwischen Anerkennungs- und Kritikgespräch." „Andere Beurteilungsfehler sind Tendenzfehler der Beurteilenden." „Was ist mit Tendenzfehlern gemeint?" „Bei Tendenzen geht es um individuelle Verhaltenssteuerungen, etwa eine Tendenz zur Milde. Hier will derjenige, der zu beurteilen hat, niemandem weh tun und beurteilt daher einfach alle Auszubildenden gut." „Nicht besonders fair." „Richtig. Oder jemand hat die Tendenz zur Mitte. Dann wird er sich nicht festlegen. Egal, wie gut oder schlecht man ist, die Beurteilung wird immer durchschnittlich ausfallen." „Ok, und das frustriert dann gerade die guten Auszubildenden, die sich wirklich anstrengen. Blöd." „Ja, ähnlich frustrierend ist es, wenn man von jemandem mit der Tendenz zur Strenge beurteilt wird. Denn egal was man macht, man wird es dem oder der Beurteilenden nie recht machen können, immer wird ein Haar in der Suppe gefunden." „Das ist bitter." „Hm. Zwei andere Beurteilungsfehler fallen mir noch ein: einmal der Andorra-Effekt, der sich auf die Kurzformel ‚Man wird so, wie man beurteilt wird' bringen lässt. Soll heißen, wenn man die Leute nur lang genug schlecht beurteilt, werden sie auch schlecht, weil sie extrem demotiviert sind - die Prophezeiung hat sich selbst erfüllt. Zum anderen wird es fatal, wenn der oder die Beurteilende verurteilt statt zu beurteilen. Das Abschlussgespräch wird so nämlich ohne messbare Kriterien zu einer Endabrechnung für diejenigen, die nicht ‚so gespurt haben', wie es von ihnen erwartet wurde." „Das ist ziemlich fies." „Oh ja, das ist es. Und wirklich vermeidbar."

„Ich werde die Fehler auf dem Schirm behalten, damit sie bei meiner Abschlussbeurteilung hoffentlich nicht zum Tragen kommen. Hast du denn noch Tipps für mich für mein Abschlussgespräch? Ich meine, ich hab mit Jonas ja zusätzlich zu den ständigen Rückmeldungen, die ich ihm bei seiner Arbeit im Einkauf gegeben habe, auch schon so ne ‚Halbzeitbilanz' gezogen, um ihm zu sagen, wo er auf einem richtig guten Weg ist und wo er seine Leistungen bzw. sein Verhalten noch überdenken und verbessern kann für eine richtig gute Abschlussbeurteilung, aber was ich jetzt genau in das Beurteilungsgespräch alles reinpacke, da bin ich mir unsicher."

„Dann schauen wir uns das jetzt mal genauer an. Im Prinzip wird im Abschluss- oder Beurteilungsgespräch der Beurteilungsbogen, den du für Jonas korrekt ausfüllen musst, besprochen. Das Beurteilungsgespräch knüpft so an an die Ausbildungsziele und –inhalte und an die konkreten Leistungs- und Verhaltenserwartungen, die zu Beginn des Ausbildungsabschnittes mit dem Auszubildenden besprochen wurden. Du betrachtest mit Jonas also seine Leistung und sein Verhalten während des Ausbildungsabschnittes im Einkauf im Gesamten und würdigst sie. So wird es ihm möglich, seine Stärken und Schwächen zu erkennen und deine Bewertung nachzuvollziehen. Der Beurteilungsbogen kann von dir dabei als Leitfaden und Hilfsmittel zur gemeinsamen Einschätzung von Lern-, Leistungs- und Sozialverhalten von Jonas genutzt werden.

Im Gespräch selbst musst du dir bewusst sein, dass es fair zugehen muss – wie du das hinbekommst, haben wir ja gerade schon besprochen – und du deinen Azubi, in diesem Fall also Jonas, ernst zu nehmen hast. Denn nur, wenn er sich ernst genommen fühlt, wird das Gespräch ein gutes Gespräch und das ist gerade für den Abschluss wichtig. Es geht hier nämlich darum, eine wertschätzende Grundhaltung gegenüber deinem Azubi einzunehmen. Das bedeutet, seine Leistungen und sein Verhalten mithilfe von messbaren Fakten zu beurteilen, seine Vorkenntnisse in die Beurteilung mit einzubeziehen, nicht jedoch, ihn als Person einem Urteil auszusetzen. Und es meint auch, dass Jonas zu Wort kommt und seine Ausbildungsabteilung beurteilen, Stellung zu den einzelnen Punkten deiner Beurteilung nehmen kann. Hierbei ist es sicherlich hilfreich, wenn du Fragen für die Beurteilung der Abteilung stellst. Ja, nach dem Gespräch wird dann der Beurteilungsbogen unterschrieben und an mich weitergeleitet und die Ausbildungszeit mit Jonas ist für dich beendet." „Ok, so läuft das also ab. Sollte ich im unmittelbaren Vorfeld etwas beachten?" „Gibt Jonas rechtzeitig den Termin für das Gespräch bekannt, am besten ist, er bekommt auch einen Gesprächsbogen. Sorg dafür, dass du genügend Zeit einplanst und ihr während des Gesprächs ungestört seid. Hilfreich ist es wohl auch, dich an die verschiedenen Gesprächstechniken zu erinnern, die wir schon besprochen haben." „Du meinst offene Fragen, aktives Zuhören, paraphrasieren und so was?" „Ja genau, damit lässt sich ein angenehmes Gespräch auf Augenhöhe führen." „Ok, merk ich mir. Nur noch mal zum Sichergehen: Klar und trennscharf ausdrücken ist erwünscht und meine Beurteilung soll zuverlässige Auskünfte über die Eignung des Azubis geben. Dabei soll er sich ernstgenommen, fair und nachvollziehbar beurteilt fühlen. Richtig?" „Richtig. Mit dieser Vorbereitung und deinem ganzen Wissen, dass du in den letzten Monaten gesammelt hast, bin ich mir sicher, dass du ein gutes Beurteilungsgespräch mit Jonas führen wirst und ihm einen würdigen Abschluss bereitest." „Das ist nett, dass du das sagst. Ich hoffe, du hast Recht, denn Jonas hat eine faire und gute Beurteilung verdient. Ich werd mir all das, was du mir heute und in der letzten Zeit gesagt hast, nochmal durch den Kopf gehen lassen und bereite dann das Gespräch vor. Wieder mal vielen Dank für das Gespräch, Finja. Es war wie immer hilfreich und gut." „Sehr schön, so soll es sein. Falls noch Fragen aufkommen, meld dich bei mir, ansonsten wünsch ich dir ein gutes Abschlussgespräch." „Danke."

Eine faire Beurteilung ist nachvollziehbar und aussagekräftig. Dazu sind folgende Aspekte wichtig:

- Die Auszubildenden werden von den Leuten beurteilt, die sie auch ausgebildet haben und deshalb auch beurteilen können.
- Die Beurteilungskriterien sind bekannt und klar definiert.
- Die Beurteilungskriterien sind nachvollziehbar und der/die Auszubildende weiß, weshalb diese Kriterien relevant sind.
- Bei der Beurteilung wird nach den vorher bekannten Maßstäben gemessen.
- Alle Beurteilenden wenden die Maßstäbe bei der Beurteilung gleich an.
- Die Auszubildenden erhalten klare und nachvollziehbare Rückmeldung über die Beurteilung.
- Die beurteilenden Personen sind sich der Folgewirkung ihrer Beurteilung bewusst.
- Sie reden weder um den heißen Brei herum, noch beschönigen sie die Beurteilung.
- Die Beurteilung ist konstruktiv und hilft den Auszubildenden, ihre Stärken zu erkennen und ggf. an ihren Schwächen zu arbeiten.
- Eine faire Beurteilung beurteilt gute Leistungen gut und schlechte Leistungen schlecht.

Ein gutes Beurteilungssystem zeichnet sich durch folgende Eigenschaften aus:

- Es ist für die Beurteilten nachvollziehbar und wird akzeptiert (Akzeptanz)
- die Aussagen sind trennscharf und verwertbar für die angestrebten Ziele (Verwertbarkeit)
- es ist verständlich und leicht zu handhaben (Praktikabilität)
- der Aufwand steht in einem sinnvollen Verhältnis zum Ertrag (Ökonomie)
- unterschiedliche Beurteiler kommen zum gleichen Ergebnis, weil die Bedingungen für alle gleich und von vorneherein klar definiert sind (Objektivierung).

Beurteilungsfehler

Phänomen des ersten Eindrucks:
Der erste Eindruck wirkt lange, auch wenn er falsch ist. Experimente zeigen, dass sich das erste Urteil oft derart verfestigt, dass es nur bedingt veränderbar ist, auch wenn es noch so falsch sein sollte. Eine besonders gefährliche Variante ist der erste Eindruck aus zweiter Hand, also aus Vor-Urteilen, die auf Informationen Dritter beruhen. Als Beurteiler*in sollte man offen bleiben.

Der Halo-Effekt:
Beim Halo-Effekt überstrahlt eine Eigenschaft andere. Beispiel: Wer zu spät kommt, ist auch unordentlich. Wer blond ist, ist auch ...

Der Kontrastirrtum:
Dieser Beurteilungsfehler besteht darin, dass sich Beurteilende selbst zum Maßstab machen. Die Leistungen und das Verhalten der Auszubildenden werden an den eigenen Leistungen und dem eigenen Verhalten gemessen. Typische Aussage: "Ich kann dem doch nicht die volle Punktzahl geben – sonst müsste er ja besser sein als ich..."

Korrekturfehler:
Er entsteht immer dann, wenn Beurteilende sich an früheren Beurteilungen orientiert und bei neuen Beurteilungen nur zu kleinen Korrekturen bereit ist, auch wenn die Auszubildenden ihre Leistung oder ihr Verhalten sehr stark verändert haben, was gerade während der Ausbildung üblich ist.

Tendenzfehler:
Tendenzen sind individuelle Verhaltenssteuerungen. Die wichtigsten:

a) Tendenz zur Milde: Der oder die Beurteilende will niemandem weh tun und beurteilt einfach alle Auszubildenden gut – auch wenn er oder sie hintenherum erzählt, wie schlecht jemand war.

b) Tendenz zur Mitte: Hier legt sich jemand nicht fest. Egal, wie gut oder wie schlecht Auszubildende sind, die Beurteilung ist durchschnittlich. Das ist gerade für gute Auszubildende, die sich wirklich anstrengen, frustrierend.

c) Tendenz zur Strenge: Auch hier ist für die Auszubildenden Frust angesagt, weil man es diesen Beurteilenden nie recht machen kann. Auch bei einer perfekten Arbeit finden sie noch ein Haar in der Suppe – meist weil sie denken, niemand könne ihnen das Wasser reichen.

Der Andorra-Effekt:
"Man wird so, wie man beurteilt wird" ist die Kurzformel für diesen Beurteilungsfehler. Bemerkungen wie "Du wirst das nie lernen!" oder: "Aus dir wird nie ein gescheiter XY!" führen dazu, dass man von Auszubildenden nur das sieht, was man sehen will und sie dadurch demotiviert. Man muss die Leute nur lang genug schlecht beurteilen, dann werden sie auch schlecht.

2. Tim führt das Abschlussgespräch mit Jonas

„Hallo Jonas, schön, dass du da bist." „Hallo Tim, klar gerne." „Ich habe dich in den Besprechungsraum gebeten, damit wir ungestört auf deinen Einsatz bei mir im Einkauf zurückblicken und deine Beurteilung besprechen können." „Ja, das hattest du letzte Woche schon angekündigt. Danke, dass du dir die Zeit nimmst, ich bin gespannt." „Ehrensache. Mir geht es in unserem Gespräch darum, mit dir gemeinsam noch einmal die Zeit bei uns zu betrachten, dir Feedback zu geben, wie ich dich erlebt habe, wo ich deine Stärken sehe und dann zu schauen, was ich dir für deine berufliche Zukunft aus meiner Sicht als Einkäufer mitgeben kann." „Ok, das klingt gut, Feedback schadet nie, davon hab ich bei dir bisher ja nur profitiert." „Das denke ich auch. Und deshalb ist es mir wichtig, dir jetzt zum Schluss deiner Ausbildungszeit im Einkauf eine umfassende Rückmeldung zu geben. Im Idealfall erfährst du so Dinge über dich, die du bisher so noch nicht gesehen hast und kannst dich dann noch besser selbst einschätzen." „Das wäre nicht schlecht, sogar ziemlich gut und zum Glück ganz anders als das, was ich in der Berufsschule schon von meinen Freunden mitbekommen habe …" „Wie meinst du das?" „Na ja, nicht alle Vorgesetzten machen das so wie du, deshalb war ich nach den Gesprächen mit meinen Freunden etwas angespannt, was heute wohl passiert, ob ich auch nur heftig kritisiert werde oder du mir einfach die Beurteilung hinlegst und sagst: Hier, unterschreib! Das wär für mich nämlich kein so toller Abgang und irgendwie auch nicht besonders hilfreich, auch dann nicht, wenn die Beurteilung eigentlich gut ist."

„Das kann ich gut verstehen und deshalb ist das bei mir auch anders. Ich finde, du hast eine faire und aussagekräftige Rückmeldung verdient, eine, mit der du was anfangen kannst. Darum ist es mir auch wichtig, dass wir das Gespräch heute führen, wo du noch bei mir im Einsatz bist. So können wir uns nämlich die Zeit dafür nehmen, die wir brauchen, und unsere Eindrücke von deiner Ausbildungszeit im Einkauf sind noch frisch. Außerdem interessiert mich ja auch, was du zu deinem Einsatz in der Abteilung sagst, wie du meinen Umgang mit dir wahrgenommen hast und wie du deinen Lernerfolg einschätzt. Denn auch ich kann von dir und von deinen Eindrücken viel lernen." „Cool. Dann darf ich dir also auch eine Rückmeldung geben, die fair und offen ist?" „Klar, ich bitte sogar darum. Damit unser Gespräch jetzt strukturiert abläuft, habe ich von Finja unseren firmeneigenen Beurteilungsbogen erhalten – den habe ich dir ja neulich auch mitgegeben, als wir den Termin für heute abgemacht haben, damit du weißt, was alles beurteilt wird, und du dir auch Gedanken machen kannst, wie du dich selbst beurteilen würdest. Ich denke, wenn wir uns an diesem roten Faden entlang bewegen, sehen wir schnell, wo wir die Dinge gleich sehen und wo es Unterschiede gibt, über die wir dann diskutieren können." „Ja, das ist in Ordnung für mich. Ich hab den Bogen ja auch ausgefüllt und dabei unsere Checkliste für die Lerninhalte und die Zielvereinbarungen, die du mit mir am Anfang der Ausbildung bei dir im Einkauf gegeben hast, verwendet." „Super. Genau so habe ich es auch gemacht. Ist dir aufgefallen, wie wichtig unsere Gespräche am Anfang waren?" „Ja, schon. Ich hab das beim Bogen Ausfüllen gemerkt. Ohne die Ziele und Erwartungen hätte ich viele Fragen von dort nicht verstanden und auch nicht beantworten können. Irgendwie war der Bogen nicht so wirklich ganz passend." „Das stimmt und ist ja auch irgendwie logisch, denn der Bogen ist für alle Abteilungen und alle Ausbildungsjahre. Seine Kriterien sind so etwas wie die Hauptüberschriften. Mit unseren Vereinbarungen haben wir festgelegt, worauf es uns in unserer Zusammenarbeit speziell ankommt. Schauen wir uns jetzt also mal die einzelnen Kriterien an: Fachkenntnisse, …

[…]

„Oh, wow, das war jetzt aber wirklich eine ordentliche Rückmeldung. Danke, Tim, dass du dir die Zeit genommen und die Beurteilung so ausführlich mit mir besprochen hast und auch dafür, dass ich dir auch meine Meinung sagen und unsere Zusammenarbeit im Einkauf beurteilen durfte. Das hat mich echt weitergebracht. Von manchen Stärken, die du bei meiner Arbeit in der Abteilung bei mir beobachtet hast, hätte ich nicht gedacht, dass ich sie habe. Toll, zu wissen, dass es so ist und irgendwie auch gut, jetzt, nach dem Gespräch zu wissen, in welchen Bereichen und wie ich mich noch verbessern kann. Ich wusste ja schon, dass mir manche Sachen nicht so leicht fallen ..." „Das ist doch bei jedem so. Für manches hat man eine Begabung, für anderes nicht. Es muss ja auch nicht jeder alles gleich gut können. Während der Ausbildung lernst du deshalb verschiedene Bereiche kennen, in denen du deine Stärken testen kannst. Hierdurch bekommst du ein Gefühl dafür, in welchem Bereich du später als gut ausgebildete Fachkraft arbeiten willst. Und das ist wichtig, denn meiner Meinung nach sollte man im Leben die Dinge machen, die man gerne macht und dementsprechend gut kann. So können sie sich nämlich gegenseitig verstärken. Andernfalls tut man sich unnötig schwer und verliert die Freude an der Arbeit." „Also nach meiner Zeit hier bei dir könnte ich mir gut vorstellen, meine Fähigkeiten im Einkauf noch weiter auszubauen. Ich hab viel gelernt und hatte Spaß dabei." „Das freut mich. So, wie ich das sehe, hast du für den Einkauf auch eine große Menge an Begabungen, die du hier einbringen könntest. Die Hartung AG würde sich bestimmt freuen, hier eine Fachkraft von morgen ausgebildet zu haben. Aber das wird sich dann klären, wenn du deine Ausbildung zum Industriekaufmann ganz abgeschlossen hast. Für den Moment wünsche ich dir, dass du weiterhin so ehrgeizig beim Erreichen deiner Ziele bleibst und vor allem so umgänglich und freundlich, denn das haben wir alle in unserer Abteilung sehr an dir geschätzt." „Vielen Dank, Tim, dass du mir das gesagt hast. Das freut mich, ehrlich. Ich denk, ich werde den Einkauf vermissen." „Danke, dass du so ein wertvoller Mitarbeiter im Einkauf gewesen bist. Ich bin mir sicher, du wirst uns auch fehlen. Mach's gut, Jonas."

Was mir zum Abschlussgespräch klar sein muss

Zum Abschluss eines Ausbildungsabschnittes – also wenn Auszubildende eine Abteilung verlassen – sollte immer ein Beurteilungsgespräch stattfinden. Dabei wird der Beurteilungsbogen besprochen. Das Gespräch ist mindestens so wichtig wie das korrekte Ausfüllen des Beurteilungsbogens.

Das Beurteilungsgespräch knüpft an an die Ausbildungsziele und -inhalte laut Ausbildungsplan und die konkreten Leistungs- und Verhaltenserwartungen, die ich zu Beginn des Ausbildungsabschnittes mit den Auszubildenden besprochen habe. Es ist die Grundlage für eine gezielte Förderung und Entwicklung der Auszubildenden. Die Leistung und das Verhalten der Auszubildenden während des Ausbildungsabschnitts werden noch einmal im Gesamten betrachtet und gewürdigt. So wird es den Auszubildenden möglich, Stärken und Schwächen zu erkennen und deren Bewertung nachzuvollziehen. Der jeweilige Beurteilungsbogen der Firma dient als Leitfaden und Unterstützungsinstrument bei der gemeinsamen Einschätzung von Lern-, Leistungs- und Sozialverhalten der Auszubildenden.

Ich sollte mir bewusst sein, dass ein faires Gespräch notwendig ist, in welchem die Auszubildende ernst genommen werden und auch zu Wort kommen, denn auch sie sollen die Ausbildungsabteilung beurteilen und zu einzelnen Punkten der Beurteilung Stellung nehmen können, so dass auch ich etwas lerne.

Vorbereiten: Termin vereinbaren, Zeit nehmen, ungestörter Ort, Gesprächstechniken einüben, Fragen an Azubis, die sollen auch eine Selbstbeurteilung vorbereiten

Mein roter Faden durch das Beurteilungsgespräch:

Thema	
Begrüßung	• Freundlich begrüßen • Ziel des Gespräches bekanntgeben (Rückblick auf den Einsatz und das Gelernte: Was war gut? Wo sind Verbesserungen möglich? Tipps für die weitere Ausbildung, ...)
Selbstbeurteilung durch die Lernenden	• Lernende blicken zurück und sagen, was sie gut fanden, was ihnen allenfalls Probleme gemacht hat, sie beurteilen sich selbst, die Arbeit in der Abteilung etc. und begründen ihre Beurteilung
Beurteilung durch Ausbildungsbeauftragte*n	• Ausbildungsbeauftragte*r teilt Ansicht mit: „Gut aus meiner Sicht war..., in folgenden Punkten sehe ich Verbesserungspotenzial, weil ... Tipps aus meiner Sicht... • Beurteilungsbogen der Firma als roter Faden, der abgearbeitet wird
Verabschiedung	• Vielen Dank für deine Mitarbeit, ich habe mich sehr über deinen Einsatz gefreut (ehrlich gemeinte, nette Worte zum Abschluss, aber bitte nicht heucheln)... Alles Gute für deine Zukunft – und vielleicht arbeiten wir nach Ihrer Ausbildung ja wieder in irgendeiner Form zusammen...

3. Finja erläutert Tim, wie er immer besser werden kann

Das Telefon klingelt. „Einen schönen guten Tag, Tim Machert von der Hartung AG. Was kann ich für Sie tun?“ „Hallo Tim, ich bin's Finja. Ich wollte dich fragen, ob du kurz etwas Zeit hast. Ich würde dir nämlich gerne jetzt, da deine ersten Ausbildungsmonate als Ausbildungsbeauftragter hinter dir liegen, ein Vorgehen zeigen, mit dessen Hilfe du als Ausbildungsbeauftragter besser und besser wirst, ohne dass es dich viel Zeit und Aufwand kostet.“ „Na, wer kann bei solch einem verlockenden Angebot schon nein sagen? Das hört sich super an.“ „Schön. Wann kannst du bei mir vorbeikommen?“ „Am liebsten gleich, in einer Stunde haben wir Teambesprechung, da muss ich also auf jeden Fall hier sein, aber jetzt könnte ich es mir gerade einrichten. Passt das bei dir?“ „Ja, ich kann mir die Zeit gerade auch nehmen. Wunderbar, dann machen wir das so. Bis gleich.“ „Ja, bis gleich.“

Tim klopft an Finjas Bürotür und tritt ein. „So, hallo.“ „Hallo Tim, nimm doch bitte Platz.“ „Ja, mach ich, danke. Du hast mich ziemlich neugierig gemacht auf deine Wunderwaffe in Sachen spielend leichte Verbesserung. Ich muss dir ja nicht erst erzählen, dass wir Einkäufer von Haus aus auf gute Qualität aus sind. Da ist besser natürlich immer besser.“ „Das kann ich mir vorstellen. Deshalb dachte ich mir, dass du von dem Vorgehen, das ich dir vorstellen möchte, profitieren kannst. Und nicht nur du, sondern auch deine künftigen Auszubildenden und damit letztlich auch die Hartung AG. Denn für uns alle ist es ja wichtig, unseren Kunden qualitativ hochwertige Produkte bieten zu können, die ihre Wünsche zu hundert Prozent erfüllen.“ „Ja, logisch. Deshalb überlegen wir auch ständig, was wir tun können, um die Qualität bei ständig wachsenden Anforderungen und neuen Gegebenheiten auf dem Markt halten zu können.“ „Genau um diese Frage geht es jetzt auch in Bezug auf die Ausbildung, denn wie dir sicherlich schon aufgefallen ist, ist es auch hier wichtig, ständig am Ball zu bleiben, die eigenen Erfahrungen nutzbringend einzusetzen und aus Fehlern zu lernen.“ „Oh ja, das verstehe ich nach meinen ersten Monaten in der Ausbilderpraxis ziemlich gut. Ich hab einige Fehler gemacht, die ich nicht unbedingt wiederholen muss. Einmal machen reicht.“ „Absolut. Ich sehe, wir sind uns einig. Dann geht es jetzt nur noch darum, dir das Vorgehen, das dich dabei unterstützen kann, vorzustellen. Es geht um den so genannten PDCA-Zyklus." „Aha. Davon hab ich noch nichts gehört." „Ein schlauer Mensch namens Deming hat ihn im letzten Jahrhundert entwickelt." „Ok. Und wofür steht PDCA? Darunter kann ich mir so gar nichts vorstellen." „PDCA steht für die vier entscheidenden Schritte des Zyklus', nämlich Plan-Do-Check-Act. Wenn du willst, zeige ich dir an einem Beispiel, wie du sie für deine Tätigkeit als Ausbildungsbeauftragter nutzbringend einsetzen kannst." „Na klar will ich das, sehr gern. Ich bin gespannt."

„Gut, dann nehmen wir als Beispiel mal deine Checklisten für die Vorbereitung auf neue Auszubildende und den Ablauf des ersten Arbeitstags. Mit diesen Checklisten bereitest du ja alles Notwendige vor, damit deine Auszubildenden gut in den Einkauf starten können." „Das ist richtig. Ich hab sie mir geschrieben, damit ich nicht jedes Mal alles neu überdenken muss und dabei eventuell Dinge vergesse." „Die Checklisten sind also der Plan, das P." „Ok, das hab ich verstanden." „Als Jonas als dein Auszubildender zu dir gekommen ist, hast du deinen Plan umgesetzt. Also das getan, was auf der Checkliste stand. Richtig?" „Klaro. Deshalb habe ich es mir ja aufgeschrieben." „Sehr gut. Damit hätten wir schon den zweiten Buchstaben des Zyklus', das D, das für Do oder auch das Tun steht. Was als Nächstes folgt, ist für mich ein sehr wichtiger Schritt, nämlich das Hinterfragen, im Englischen Check. Wenn wir davon ausgehen, dass nach einer, allerspätestens nach zwei Wochen alle Dinge, die auf den Checklisten stehen, abgearbeitet sind, hast du sie da noch gut im Gedächtnis, richtig?" „Ja, das dürfte im Normalfall so sein." „Wunderbar. Zu diesem Zeitpunkt weißt du also, was gut gelaufen ist, wo es vielleicht Probleme gegeben hat und was du bei deiner Planung eventuell vergessen hattest." „Ja, das stimmt. Daran kann ich mich zu diesem Zeitpunkt gut erinnern, gerade die Sachen, die schief gelaufen sind, müsste ich noch sehr klar vor Augen haben." „Und das ist gut so. Denn je präsenter du sie hast, umso besser kannst du dir zu diesem Zeitpunkt überlegen, was du beim nächsten Mal wieder genau so planen und durchführen würdest, was du auf keinen Fall mehr so machen willst, weil dein Plan für die Tonne war oder einfach nicht der richtige für die Situation, was an Planung überflüssig war und was du bei deinen Überlegungen im Vorfeld vergessen hast. Wenn du das zeitnah zur Umsetzung deines Planes machst, ist das eine Minutensache." „Ja, aber eine Minutensache, die sich zu lohnen scheint. Richtig?" „Wenn du mich fragst, unbedingt, denn mit unserem Check in der Hinterhand kommen wir jetzt zum A wie Act, was ich im Deutschen etwas frei mit handelndem Verbessern übersetzen würde. Wenn du alles, was auf deinem Plan stand, hinterfragt hast, nimmst du dir deine Checklisten vor und passt sie an all das an, was dir aufgefallen ist. Ergänze was gefehlt hat, streiche, was überflüssig war und ändere, was du das nächste Mal anders versuchen willst." „Ok, das ist schlau. Dann habe ich sofort wieder aktuelle Checklisten und muss nicht alles im Kopf behalten, was ich das nächste Mal anders machen will. Das Gedächtnis ist entlastet und die Checklisten sind auf dem neuesten Stand." „Genau, so ist es. Und dieser Zyklus lässt sich nicht nur auf deine Checklisten anwenden. Du kannst ihn auch für deine Unterweisungen, die Gesprächsleitfäden für deine Zwischengespräche – eigentlich einfach für alles nutzen, was du als Ausbildungsbeauftragter machst. Du wirst sehen, wenn du dein Tun so überdenkst und deine Erfahrungen bewusst notierst, dann wirst du immer besser und besser." „Das ist ein ziemlich schöner Gedanke und ein toller Abschluss für mein erstes Mal als Ausbildungsbeauftragter oder sollte ich sagen ein guter Neuanfang?! Na, wahrscheinlich beides … Finja, ich möchte mich ganz herzlich bei dir bedanken. Du warst die ganze Zeit über eine große Hilfe und Unterstützung für mich, weil ich wusste, dass ich mit all meinen Fragen und Problemen zu dir kommen kann. Ich hab viel von dir gelernt und tue es immer noch, denn um es mit Lutz zu sagen: Auch die Ausbildungsbeauftragten von morgen werden nicht geboren, sie werden ausgebildet. Hier bei der Hartung AG glücklicherweise von solch erfahrenen und aufgestellten Leuten wie dir und Lutz und das ist toll, vielen Dank." „Tim, es freut mich sehr, dass du deine Aufgaben als Ausbildungsbeauftragter als positiv und lehrreich wahrgenommen hast und mit so viel Elan und Neugier bei der Sache warst. Ich hab dich als sehr engagierten und fairen Ausbilder für Jonas erlebt, das hat es mir sehr leicht gemacht, dir diese Aufgabe zu übertragen. Ich freu mich schon auf die nächste Ausbildungsrunde und hoffe, du bist da genauso motiviert dabei, wenn es darum geht, einer oder einem Auszubildenden den Einkauf näher zu bringen – dank PDCA-Zyklus dann noch besser und besser …" „Das wird ja dann schon fast unheimlich gut." Tim grinst. „Du sagst es. Im Ernst, Tim, vielen Dank für deine wertvolle Arbeit. Ich, Lutz und auch die Geschäftsleitung sind sehr stolz darauf, dank engagierter Mitarbeiter wie dir solch eine gute Ausbildungsarbeit leisten zu können." „Ui, jetzt geh ich, ehe ich rot werde… Mach's gut, Finja.

Bis zur nächsten Ausbildungsrunde!" „Ja, ich freu mich schon drauf. Tschüss, Tim."

Planen Tun Hinterfragen Verbessern

Ich kann meine Wirkung als Ausbildungsbeauftragte*r ständig verbessern, wenn ich mich an die folgenden vier Schritte halte:

Planen
Plane ich die Ausbildung in meinem Bereich, plane ich, was ich alles tun werde. Dank meiner Notizen im Ausbildungsbeauftragten-Memo-Buch habe ich schon sehr vieles geplant und das ist gut so.

Tun
Ich setze um, was ich geplant habe. Das wird nicht immer eins zu eins so funktionieren, wie ich es geplant habe, durch meine Planung bin ich aber auf vieles vorbereitet und kann meinen Plan auch ändern. Damit macht mich mein Planen flexibel und das Tun zeigt mir, was in einer bestimmten Situation geht und was nicht.

Hinterfragen
Wenn ich etwas getan habe, hinterfrage ich mein Tun möglichst umgehend. Das ist kein großer Aufwand, weil ich alles noch im Kopf habe. Jetzt, nachdem ich versucht habe, meine Pläne durch Tun umzusetzen, weiß ich, was in der gegenwärtigen Situation möglich war, was gut war und was nicht funktioniert hat. Ich habe also erste Ergebnisse aus der Praxis, erste Erfahrungen, die ich in die weitere Planung einbeziehen kann.

Verbessern

Ich berücksichtige meine Erkenntnisse und berichtige meinen bisherigen Plan. Ich bringe ihn auf den aktuellen Stand. Ich passe meine Checklisten an, indem ich das streiche oder abändere, was nicht funktioniert hat und indem ich Sachverhalte ergänze, die ich vergessen habe. Damit habe ich dann einen aktuellen Plan, der wahrscheinlich besser ist, als der erste. Dann geht es weiter in die zweite Runde und ich kann sicher sein, dass ich immer besser werde, wenn ich am Ball bleibe.

Tim Machert zieht seine Bilanz

1. Tim blickt auf seine Zeit als Ausbildungsbeauftragter

Tim sitzt in seinem Büro und denkt nach: Jetzt sind sie also wirklich vorbei, meine ersten Monate als Ausbildungsbeauftragter. Ging ganz schön schnell, auch wenn so manche Situation anstrengend war und einige Tage ihre Längen hatten. Jonas kennt nun den Einkauf und ich hab mich und meine Arbeit noch einmal ganz neu, anders erlebt. Eigentlich schon verrückt, was mir dabei alles bewusst geworden ist und was ich durch die neue Position gelernt habe. Da denkt man, man weiß schon alles … und dann bekommt man ein Ausbildungsbeauftragten-Memo-Buch in die Hand gedrückt und füllt es. Und es werden mehr und mehr und mehr Seiten. Seiten voller Ideen, Pläne, Impulse und ja, Lutz hatte Recht: Jede Eintragung macht es wertvoller.

Ich hab unglaublich viele Erfahrungen gewonnen, ein Gespür dafür bekommen, was es heißt, zu führen, und verstanden, wie wichtig es ist, Ziele zu haben und sie motivierend, klar und fair zu kommunizieren, aktiv zuzuhören, sich immer wieder auch in andere Perspektiven zu versetzen. Das alles wäre mir ohne den Mut, ‚Ja' zur neuen Aufgabe zu sagen und Ausbildungsbeauftragter zu werden, vorenthalten geblieben, genauso wie die vielen tollen Gespräche mit Finja, Lutz und auch Jonas. Ich bin wirklich froh, um all das reicher zu sein, und auch, darum zu wissen, dass das Ende der Entwicklung noch lange nicht in Sicht ist, denn mit jedem oder jeder Azubi, jedem Gespräch und jeder Aufgabe kann ich besser und besser und besser werden. Ziemlich gute Aussichten, find ich.

Vor allem aber ist es wirklich schön und macht mich glücklich, jetzt der zu sein, der dafür sorgt, dass die Fachkräfte von morgen bei der Hartung AG nun auch im Einkauf erfolgreich ausgebildet werden.

Tim hat ein Lächeln im Gesicht, packt seine Sachen und verlässt sein Büro.

2. Wie bleibt man fit und am Ball?

Auf dem Weg zu seinem Auto trifft Tim auf dem Parkplatz auf Lutz. „Hallo Tim, na, auch auf dem Weg ins Wochenende?" „Hallo Lutz, ja, genau. Für diese Woche ist die Arbeit geschafft, jetzt steht erst mal Grillen auf dem Programm." „Grillen ist super. Ich hab da ein ganz tolles Rezept für Zitrushühnchen mit einer scharfen Chimichurri von einem englischen Starkoch, das kann ich dir bei Gelegenheit mal geben." „Klingt gut, das probier ich gerne mal aus." „Ich hoffe, ich denke dran, es dir zu kopieren. Apropos dran denken: Jonas hat die Abteilung gewechselt, nicht wahr? Dann darf ich dir ja zu deiner ersten abgeschlossenen Ausbildungsphase gratulieren: Herzlichen Glückwunsch, Tim!" „Danke, Lutz, das ist sehr nett."

„Und? Erzähl mal. Gutes Gefühl?" „Ja, schon, auf jeden Fall. Ich hatte intensive und tolle Monate, in denen ich viel gelernt habe, gerade merk ich aber auch, dass ich mein Wochenende jetzt dringend brauche." „Ausbilden schlaucht…" „Das tut es. Vor allem kommt die Doppelbelastung der letzten Monate so langsam bei mir an, jetzt, wo ich etwas mehr Zeit zum Luftholen habe und nicht ständig nur am Arbeiten bin, weil es einfach sein muss." „Hm, ich denke, es ist schon einmal gut, dass du die Belastung so genau erkennen und benennen kannst. Besser wird es natürlich, wenn du jetzt noch einen solchen Umgang damit findest, dass du die Herausforderung Alltagsjob plus Ausbildungsbeauftragter auf Dauer erfolgreich und ohne psychische Beeinträchtigungen bewältigen kannst. Ist dir Resilienz ein Begriff?" „Resilienz? Ja, schon. Ich hab einen Kumpel, der Physiker ist, der hat mir mal erklärt, dass damit eine Eigenschaft von Werkstoffen beschrieben wird und zwar, dass hochelastische Materialien nach einer Verformung wieder ihre ursprüngliche Form annehmen. Irgendwie kommt der Begriff wohl aus dem Lateinischen und meint zurückspringen oder abprallen, wenn ich mich recht erinnere." „Ja, du hast Recht. Der Begriff kommt ursprünglich aus der Physik. Es gibt ihn aber auch in der Psychologie. Hier meint er die Fähigkeit, Krisen und schwierige Situationen ohne dauerhafte Beeinträchtigungen meistern, also wieder zu einem normalen Leben zurückkehren zu können. Gerade in den letzten Jahren ist die Resilienz im Berufsleben zu einem wichtigen Thema geworden, wenn es darum geht, mithilfe von bestimmten Verhaltens- und Denkweisen Burnouts oder andere Stresssymptome zu vermeiden." „Ok, klingt so, als könnte das auch für mich interessant sein." „Ja, das denke ich auch." „Und wie gehe ich das Thema an? Ich meine, wie kann ich zu einem resilienten Menschen werden, wenn ich es nicht bin oder nur teilweise?" „Gute Frage: Ich hab mich in der letzten Zeit länger damit beschäftigt und könnte stundenlang mit dir über Achtsamkeit und das große Thema der Selbstsorge reden, das wirklich interessant und meiner Meinung nach hoch relevant ist – und das nebenbei bemerkt nicht erst heute, sondern schon ganz früh bei den griechischen und römischen Philosophen der Antike, also extrem spannend das Ganze. Da du aber schnell ins Wochenende willst und dein Grill wartet, versuch ich mich kurz zu fassen. Wir sprechen dann ein anderes Mal ausführlicher …" „Das passt mir ganz gut, Lutz." „Also, was zeichnet meiner Meinung nach resiliente Menschen aus? Ich denke, es ist ein spezielles Bewusstsein gepaart mit einer großen Portion optimistischem Verantwortungsgefühl." „Hört sich groß und wichtig an. Kannst du mir das ein bisschen weniger brühwürfelartig erklären?" „Wenn dein Steak noch ein paar Minuten Wartezeit verträgt, gerne." „Ja, das sollte machbar sein." „Ok, dann werde ich mal etwas Wasser über den Brühwürfel gießen, damit er sich entfaltet. Was meine ich mit speziellem Bewusstsein? Das spezielle Bewusstsein ist für mich ein achtsames, ein geistesgegenwärtiges, das es erst einmal erlaubt, innere und äußere Erfahrungen im gegenwärtigen Moment vorurteilsfrei zu registrieren und zuzulassen. Aus diesem Bewusstsein heraus lassen sich Situationen gut erfassen. Dann geht es darum, wie ich mit ihnen umgehe." „Ok, soweit kann ich dir folgen." „Schön. Das heißt also im Konkreten: Nicht immer läuft alles optimal und problemlos, im Gegenteil: Misserfolge, Probleme und Schwierigkeiten gehören zum Leben und damit auch zum Arbeitsleben dazu. Indem ich bewusst erkenne, dass es beim Arbeiten bestimmte festgesetzte Rahmenbedingungen gibt, die ich nicht ändern kann und diese unabänderliche Dinge als solche anerkenne, brauche ich mich nicht jedes Mal aufs Neue wieder darüber aufzuregen und an ihnen aufzureiben. Ich akzeptiere sie und gewinne damit an Ruhe und Ausgeglichenheit." „Das heißt jetzt aber nicht, dass ich alles einfach so hinnehmen muss oder? Das würde mir nämlich überhaupt nicht passen. Ich will ja schließlich Dinge zum Besseren verändern und Probleme lösen." „Und das ist gut so, denn auch diese Geisteshaltungen zeichnen resiliente Menschen aus. Was ich dir sagen wollte, ist, dass ein klares Bewusstsein dir bei der Unterscheidung von Dingen, die es zu akzeptieren, und anderen Dingen, die es zu verändern und zu verbessern gilt, hilft. Und ja, du hast Recht: Für einen wirklich großen Teil der beruflichen Probleme gibt es eine oder mehrere sinnvolle Lösungen, die du finden kannst. Es kann sein, dass du sie gleich findest, es kann aber auch sein, dass du länger suchen musst, Verschiedenes ausprobierst, bis du am Ziel bist.“ „Wie bei meinem Selbstmanagement. Ich hab das am Anfang der Ausbildungszeit nicht so optimal hinbekommen, mir meine Zeit sinnvoll einzuteilen. Finja hat mir dann etwas geholfen und mir den Tipp mit der ALPEN-Methode gegeben. Das hab ich jetzt mal ausprobiert und es ist schon vieles besser geworden. So ganz am Ziel bin ich zwar noch nicht, aber auf dem Weg. Und ich denke, der wird mich in eine Zeit führen, in der ich weniger Stress habe, weil ich besser darin bin, meine Zeit sinnvoll zu nutzen.“ „Was du sagst, vereint schon einige Resilienzfaktoren, Tim. Du denkst lösungsorientiert und nimmst dabei auch Rückschläge als Lernerfahrungen wahr. Du bist optimistisch, indem du an bessere Zeiten glaubst, und du übersiehst dabei auch deine Eigenverantwortung für die Veränderungen zum Positiven hin nicht.“ „Naja, nach meinem letzten Gespräch mit Finja bin ich einfach ziemlich motiviert, mit dem PDCA-Zyklus immer besser und besser zu werden, weil das für mich bedeutet, weniger Fehler zu machen, weniger Zeit in lästige und unnütze Prozesse investieren zu müssen und damit mehr Zeit für das zu haben, was mir Spaß macht. Das sind ziemlich ansprechende Aussichten. Es ist klar, dass die erste Ausbildungsphase mich viel Zeit und Energie gekostet hat, schließlich war vieles für mich neu und ich musste mich ausprobieren, Fehler machen, aus denen ich für die nächste Ausbildungsphase gelernt habe. Diese Fehler muss ich jetzt aber nicht nochmal machen und einige Problem konnte ich schon erfolgreich lösen, also wartet eine packende kommende Zeit auf mich, bei der ich gespannt bin, wie ich dann weiter wachse, welche Entscheidungen ich treffe und wie ich als erfahrenerer Ausbildungsbeauftragter im Einkauf handle.“ „Da bin ich auch gespannt. Was ich dir für diese Zeit auf jeden Fall mitgeben möchte, ist: Sorge dich immer wieder um dich selbst. Ich hab das vorhin ja schon gesagt, Selbstsorge ist ganz zentral, um sich nach der Wendung ins Innere, immer wieder gestärkt und bewusst nach außen und anderen Menschen zuwenden zu können.“ „Du meinst, Grillen, Wellness und Familie brauchen genauso ihren Raum in meinem Leben wie die Arbeit?“ „Ja, auf jeden Fall. Es geht immer wieder darum, im Alltag einen Ausgleich zwischen Berufs- und Privatleben zu schaffen, angespannt, aber auch wieder entspannt zu sein. Wenn es dir gelingt, achtsam mit dir umzugehen, deine Bedürfnisse wahrzunehmen, dich mit dir auseinanderzusetzen wie mit einem guten Freund, dann wird es dir möglich, geistige und körperliche Warnsignale frühzeitig wahrzunehmen und auf sie zu reagieren. Überhaupt gewinnst du so noch einmal einen bewussteren Eindruck von dir als Person, die sich, ihr Tun und damit auch andere und ihre Umwelt aktiv beeinflusst, gestaltet." „Cool. Dazu musst du mir bei Gelegenheit wirklich noch einmal mehr erzählen. Hört sich so an, als ginge von dieser Selbstsorge ziemlich viel Gutes aus." „Auf jeden Fall." „Von Familie und Freunden aber auch, oder?" „Sicher. Man braucht sie, gerade in schwierigen Zeiten, denn sie machen einem immer wieder bewusst, dass man nicht alleine ist, dass da Leute sind, die einem den Rücken stärken und helfen, und das beruhigt und gibt Mut, sich Neues zu trauen." „Ich glaub, ich werd mich auch noch mal genauer mit dieser großen Thematik beschäftigen, dein Brühwürfel hat Lust auf mehr gemacht. Der Hunger ist geweckt, ich werd ihn jetzt aber erst mal mit Steak stillen …" „Mach das – du brauchst ja auch noch Ziele und Pläne für die Zukunft, ist nämlich auch ein Resilienzfaktor. Da hab ich bei dir aber keine Sorge." „Musst du auch nicht haben. Ich hab mir zum Ziel gesetzt, ein richtig guter Ausbildungsbeauftragter zu werden, mit allem, was dazugehört." „Ich bin mir sicher, dass du das schaffst. Du bist schon auf einem sehr guten Weg und hierbei wie auch beim Thema der Resilienz gilt: Übung macht den Meister, jede Menge Training den resilienten Ausbildungsbeauftragten für die Fachkräfte von morgen." „Na dann weiß ich ja, worauf ich mich einstellen kann. Ich dank dir für diese kleine Kostprobe, Lutz, und freu mich auf ordentlich Nachschlag. Jetzt werd ich aber erstmal was für meine Work-Life-Balance und meinen Magen tun. Ich wünsch dir ein wunderschönes Wochenende." „Danke, das wünsch ich dir auch, Tim."

3. Quintessenz

Ausbilden ist elementar. Denn gute Fachkräfte sind schwer zu finden. Wer wie die Hartung AG selbst ausbildet, macht sich unabhängig vom Arbeitsmarkt und stellt sicher, dass er über Nachwuchs verfügt, der das eigene Unternehmen von Grund auf kennt, mit dessen Prozessen und Regeln vertraut ist und sie gewinnbringend weiterführen kann.

Dass auf Ausbildungsbeauftragte bei der Entscheidung für eine betriebseigene Ausbildung eine Menge an interessanten, herausfordernden sowie lehrreichen Aufgaben und Themen zukommen, haben die Gespräche, Gedanken und Alltagsbetrachtungen von Tim Machert deutlich werden lassen und auch, dass die Tätigkeit, wenn sie gelingt, viele positive Auswirkungen hat: motivierte, leistungsbereite Azubis, glückliche und selbstbewusste Ausbildungsbeauftragte, eine zufrieden-umsichtige Ausbildungsleitung und schließlich einen weiterhin erfolgreich handelnden Betrieb am Puls der Zeit.

Es lohnt sich also, die Welt der Ausbildungsbeauftragten im Blick zu behalten, sie in ihrer wichtigen Bedeutung zu würdigen und daher ihre vielfältigen Facetten immer wieder neu zu betrachten. Tim, Finja und Lutz haben noch einiges zu berichten …

Literaturverzeichnis

Berufsbildungsgesetz (BBiG) in der Fassung der Bekanntmachung vom 23. März 2005 (BGBI I S 931).

Blake, Robert Rogers; Mouton, Jane Srygley: Verhaltenspsychologie im Betrieb: das Verhaltensgitter, eine Methode zur optimalen Führung in Wirtschaft und Verwaltung. Übertragung aus dem Amerikanischen von Baronin Gumppenberg und Harald Lux. Düsseldorf, Wien: Econ-Verlag 1968.

Deming, William Edwards: Elementary principles of the statistical control of quality. A series of lectures. Tokyo: Nippon Kagaku Gijutsu Remmei 1950.

Drucker, Peter F: People and performance. The best of Peter Drucker on mangement. New York: Harper's College Press 1977.

Flamm, Anna Katharina: In aller Freiheit. Selbstsorge neu denken mit Michel Foucault. Freiburg: Herder 2019.

Flamm, Eberhard Peter: Kontrolle als Motivationsinstrument – Mit Sicherheit besser führen. Hamburg: tredition 2016.

Jablonka, Peter; Martin, Sigrid, Ulmer, Philipp: Handreichung für ausbildende Fachkräfte. Bonn: Bundesministerium für Bildung und Forschung 2013.

Maslow, Abraham: Motivation und Persönlichkeit. Dt. von Paul Kruntorad. Reinbek bei Hamburg: Rowohlt 2014.

Mager, Robert F.: Lernziele und Unterricht. Aus dem Amerikanischen übersetzt von Hermann Rademacker. Weinheim, Basel: Beltz 1994.

Müller-Spörri, René und Uhland, Erwin: Das ARIVA-Modell. Vgl. https://www.prokom.ch/schulung/wins/ariva.html.

Petersen, P.: Library of Congress archives: additional information about W. Edwards Deming (1900-1993). In: Journal of Management History 3,2 (1997), S. 98-119.

Schulz von Thun, Friedemann; Ruppel, Johannes; Stratmann, Roswitha: Miteinander reden: Kommunikationspsychologie für Führungskräfte. Reinbek bei Hamburg: Rowohlt 2012.

Schulz von Thun, Friedemann: Miteinander reden. Bd. 1. Störungen und Klärungen: allgemeine Psychologie der Kommunikation. Reinbek bei Hamburg: Rowohlt 2017.

Schulz von Thun, Friedemann; Hars, Verena: Miteinander reden. Bd. 3. Das „innere Team" und situationsgerechte Kommunikation: Kommunikation, Person, Situation. Reinbek bei Hamburg: Rowohlt 2018.

Seiwert, Lothar und Tracy, Brian: Life-Leadership. So bekommen Sie Ihr Leben in Balance. Offenbach: Gabal 2002.

Weißer, Marco: Die selten beherrschte Kunst der richtigen Ausbildung: Worauf es ankommt – was wirklich zählt. Frankfurt: Public book media 2012.

Dr. Anna Katharina Flamm studierte kath. Theologie, Germanistik und Lateinische Philologie für das Lehramt an Gymnasien in Freiburg, Hongkong und Wien. Bereits während ihres Studiums engagierte sie sich in der Bildungsarbeit junger Erwachsener, vertiefte ihre pädagogischen Kenntnisse und sammelte zusätzlich Erfahrungen im Journalismus. Die Leitung eines universitären Projektes mit Mentoringprogramm an der Schnittstelle von Studium und Arbeitswelt sowie Weiterbildungen in den Bereichen Kommunikation, Führung und Management im Zuge des Doktorats schärften ihren Blick für gelungene Interaktion und motivierten zu einer intensiven, wissenschaftlich fundierten Auseinandersetzung mit erfolgreichen Ausbildungskonzepten.

Eberhard P. Flamm erlernte den Beruf Bankkaufmann und studierte dann Betriebswirtschaftslehre und Pädagogik an der Universität Mannheim. Als frisch gebackener Diplom-Handelslehrer arbeitete er bei der Wirtschaftsprüfungsgesellschaft Price Waterhouse, wo er sich mit den Prozessen, Abläufen und Managementsystemen zahlreicher Unternehmen und Konzernen beschäftigte und bei Jahresabschlussprüfungen mitwirkte. Daraufhin übernahm er als Ausbildungsleiter Verantwortung für über vierzig Auszubildende und Studenten der Dualen Hochschule. Seit 2005 arbeitet er als selbstständiger Trainer und Coach. Er hat in dieser Zeit bereits mehrere tausend Ausbilder und Ausbildungsbeauftragte in öffentlichen Seminaren und Inhouse-Kursen weitergebildet.